国家出版基金项目

中国古代美学思想研究方法论

朱志荣 著

中华美学精神丛书

朱志荣 主编

时代出版传媒股份有限公司
安徽教育出版社

图书在版编目（CIP）数据

中国古代美学思想研究方法论/朱志荣著.—合肥:安徽教育出版社,2022.12(2024.5重印)
ISBN 978-7-5336-9892-8

Ⅰ.①中… Ⅱ.①朱… Ⅲ.①美学思想—研究方法—中国—古代 Ⅳ.①B83-34

中国版本图书馆 CIP 数据核字（2022）第 240294 号

中国古代美学思想研究方法论
ZHONGGUO GUDAI MEIXUE SIXIANGYANJIU FANGFALUN

出 版 人:费世平
策划编辑:徐 鹏
责任编辑:徐 宇 付 静
装帧设计:朱 锦 朱嫣然
美术编辑:张鑫坤
技术编辑:陈善军

出版发行:安徽教育出版社
地 址:合肥市经开区繁华大道西路 398 号 邮编:230601
网 址:http://www.ahep.com.cn
营销电话:(0551)63683012,63683013
排 版:安徽时代华印出版服务有限责任公司
印 刷:安徽新华印刷股份有限公司

开 本:710 mm×1010 mm 1/16
印 张:20
字 数:214 千字
版 次:2022 年 12 月第 1 版
印 次:2024 年 5 月第 2 次印刷
定 价:72.00 元

（如发现印装质量问题,影响阅读,请与本社营销部联系调换）

目录

绪　论　001

第一章　中国古代美学思想概述　017
第一节　中国古代美学思想的厘定　019
第二节　中国古代美学思想的发展历程　039
第三节　中国古代美学思想的现代性　060

第二章　追源溯流　077
第一节　追源溯流的基本方法　080
第二节　追源溯流的通变观　086
第三节　常与变的统一　090
第四节　通变中的中西会通　093
第五节　抽象继承与具体继承的统一　096

第三章　阐释资源　101
第一节　学科化阐释的必要性　103
第二节　作为阐释基础的理解　108
第三节　阐释美学思想资源的基本方法　115
第四节　语言表达方式的继承转换　125

第四章 借鉴西方 　　131
- 第一节 借鉴西方美学的必要性 　　133
- 第二节 对西方美学学科形态的借鉴 　　142
- 第三节 前辈美学家的借鉴尝试 　　147
- 第四节 借鉴西方美学的具体方式 　　152

第五章 整合概念 　　159
- 第一节 美学术语的基本特征 　　161
- 第二节 作为枢纽术语的美学范畴 　　166
- 第三节 命题作为术语和范畴的源泉和展开 　　171
- 第四节 中国古代美学概念的基本特征 　　177

第六章 建构体系 　　183
- 第一节 建构体系的价值 　　185
- 第二节 建构体系的方法 　　191
- 第三节 潜在体系蠡测 　　195
- 第四节 以意象为中心的体系建构尝试 　　201

第七章 印证实践 　　209
- 第一节 实践作为中国古代美学思想的源头 　　211
- 第二节 中国古代美学思想与实践的关系 　　216
- 第三节 审美意识对美学思想的印证 　　221
- 第四节 王国维美学研究中的实证精神 　　225
- 第五节 基于实践的美学思想的语言表达 　　229

结　语　　　　　　　　　　　　　　　　　　　　237

附录：研究方法访谈　　　　　　　　　　　　　241
　《本体美学的研究方法——成中英教授访谈录》　243
　《中国美术史研究的方法——巫鸿教授访谈录》　268
　《中国文学与文论研究方法论——蔡宗齐教授访谈录》　289

参考文献　　　　　　　　　　　　　　　　　　308

后　记　　　　　　　　　　　　　　　　　　　315

绪论

美学研究方法是指美学研究的视角、方式和手段。无论是中国古代美学，还是西方古代美学和中世纪美学，早期的美学思想是包含在整体人文思想中的，因此美学研究方法具有人文科学方法的一些共性特征，包括普遍的哲学研究方法和相关艺术研究方法，当然也包含着总结审美规律和特征过程中的一些特殊方法。我们现在反思和探索中国古代美学的研究方法，一方面需要继承中国传统的研究方法，另一方面也需要借鉴西方美学的研究方法，并且结合当下的审美实际，探索适合中国古代美学思想研究及其在当下传承的新方法，从而推动中国古代美学思想的研究。

一、探讨中国古代美学思想研究方法的必要性

研究方法既有宏观思想和思维层面的，又有中观的视角和内容及微观技术层面的。有的是学术研究的基础方法，如理论建构方法和论证方法、中西参证的比较方法、文献整理方法、语言表达方法等，这些方法兼顾历史与逻辑的统一、内容与形式的统一、美学思想与审美意识的统一。有些方法则会在研究视角上给我们带来启示。这些美学研究方法要考虑到古今关系、中西关系、理论建构与实证的关系、美学理论与审美实践的关系。学术研究方法作为研究的工具，是为解决问题服务的。恰当的研究方法有助于我们切实地解决问题，推动学科发展和学术思想的进步。《荀子·劝学》云："假舆马者，非利足也，而致千里；假舟楫者，非能水也，而绝江河。"[1] 方法可以增强我们解决问题的

---

[1] 王先谦撰，沈啸寰、王星贤点校：《荀子集解》，中华书局1988年版，第4页。

能力，我们在具体的研究中，需要有自觉的方法论意识。

但是，我们需要知道，运用方法本身就是手段。没有任何一种方法可以作为万能钥匙，可以包打天下，解决一切学术问题。方法与研究的内容和目的是相适应的，我们需要重视运用方法的效果，最适合解决具体问题的方法，才是最好的方法。对于研究中国古代美学思想来说，我们需要的是适合研究内容、切实解决所研究的问题的方法。我们需要继承中国古代的传统方法，包括哲学思想方法和文学艺术的研究方法，我们也需要借鉴西方学术研究的方法。同时，我们还要在当下研究具体问题、进行论证的时候自己积累解决问题的方法。中国古代美学思想研究需要有自己的独特方法，合适的研究方法有助于我们把握中国古代美学思想的基本规律，挖掘零星思想中的潜在体系，把它们系统化。

中国古代的美学思想中，包含着独特的思维方式和方法论。继承中国古代传统的研究方法，是我们进行中国古代美学思想研究的基础。中国古代的美学思想，是中国古人通过自己特定的方法研究的产物，思想和方法是紧密地联系在一起的。当我们对中国古代美学思想进行研究的时候，实际上已经包含了对它内在方法的研究。中国古代美学思想既然是寓于中国古代哲学思想和文学艺术思想之中的，它在古代的研究方法当然也是相通的，同时也包含着一些能够激发独到见解的端倪。黑格尔在《小逻辑》中说："方法并不是外在的形式，而是内容的灵魂和概念。"[1] 只是固守传统方法，不能与时俱进，固然不可取，但是完全放弃产

---

[1] 黑格尔：《小逻辑》，贺麟译，商务印书馆1980年版，第427页。

生那些精湛思想的方法，则无法真正继承传统，也不利于推进中国古代美学思想资源的继承。

中国古代的学者重感悟、重综合的研究方法，同样体现在美学思想的表达中。中国古代美学思想资源本身就带有审美和诗性的特征，为了表达和阐发美学思想，中国古人更多地运用隐喻、象征、类比的思维方式，形象直观的语言表述等。它们既有优点，也有局限，需要我们加以扬弃，并且把自发的研究经验上升到自觉的方法论意识。

借鉴周边民族和域外的思想方法是中国古代美学思想研究中常见的方法。在中国古代的思想发展中，曾经有佛学思想的传入、对佛学借鉴的经验。佛学思想千百年来与中国本土思想的融合也是有一个历程的。它们从传入到被逐渐接受、消化和再造的过程本身，为我们提供了借鉴。佛学思想从汉代开始传入中国，到唐代获得了充分的发展，而宋明时代，儒道释会通，发展出了理学思想。

重视理论概括，揭示审美规律，是美学作为哲学分支的学科性质决定的。同时作为研究审美现象的科学，美学思想尤其要注意印证实践。中国古代美学理论建构有其必要性和可能性，值得我们反思和探讨。中国美学和西方美学并列称为同一学科，就必然有其共同的指称对象，可以在现代学科内交流对话。中国古代的思想资源虽然缺乏体系的逻辑性和清晰性，却有着阐释的丰富性和敞开性。中国古代丰富的美学思想，是千百年来审美实践的总结。它们是客观存在的，只是缺乏一个现代形态，需要我们加以概括和整理，用于指导当下的审美实践。论要从史出，要重视史料中所呈现的发展规律，切忌观念先行。北宋胡瑗所谓"明体达用"就是要求在切实掌握中国古代美学思想真髓的基础上指导审美实践。

二、史论结合的中国古代美学思想研究方法

目前学界对于中国古代美学思想的研究，有两种路径：一种是把古代美学思想当作遗产，从文献或美学发展史的角度加以阐释；另一种是把中国古代美学思想当作资源，用于中国美学理论的建构。把中国古代的美学思想作为资源与作为遗产对待是有区别的，当然也是有联系的。我们需要用中国古代美学思想的资源建构当代美学理论，也需要把中国古代美学思想作为遗产忠实地加以整理，两者是相辅相成的。当我们把中国古代美学思想作为资源使用的时候，要重视它的遗产价值，要回归历史语境；当我们把中国古代美学思想作为遗产使用的时候，也要重视它的资源价值，通过取舍和转换进行理论建构。中国传统的"我注六经"的方法和"六经注我"的方法需要统一，可以有所偏向，而不能偏废。

我们研究中国古代美学思想，需要对历史上影响美学思想史发展的诸种因素加以概括和总结，揭示其变迁、转型的内在规律，关注中国美学思想史上的启蒙者和集大成者，重视美学思想的端倪和发展脉络，尤其要重视时代特征对美学思想的影响。中国美学思想史不是简单、直线地向前发展的，其中有迂回曲折，有高峰低谷，要警惕线性进化论式的美学思想史观。对于那些哪怕是孤立的、缺乏源流但有价值的创新见解，也应该给予重视。

中国美学思想史的研究，并不是对中国古代美学思想进行简单的肢解和整合，而是既要寻求它的内在逻辑和脉络发展，又要尊重历史语境和客观事实。

我们研究中国古代美学思想，还需要从审美活动的历史源头，从中国古人的具体审美实践探寻中国古代审美意识史。审美意识是美学思想和美学理论的基础，中国古代的艺术品、生活用品遗存，包括非物质文化遗产，如通过口头传播的神话、传说、民歌、民谣等，一些社会风俗习惯等方面的遗存等，都为我们提供了极为丰富的审美意识的物化形态和相关信息，对它们进行解读、分析和概括，对中国美学史研究显得尤其重要。从远古开始，先民们就在自己的生产工具、生活用品、祭祀用品和礼器等器物的创造上，在文字和语言的发明创造上，在留存至今的原始神话乃至岩画和文学作品的创造上，通过感性直观的形态寄托自己的趣味和理想。起初他们虽然没有能力通过文字加以记载，后来也没有通过抽象的理论语言加以总结和表达，但是，我们依然能从那些器物的造型、纹饰和风格中看到历代中国人的审美趣味和审美理想，看到人们审美能力的发展历程和审美趣味的变迁历程。它们将极大地扩大美学研究的范围，弥补文献材料的匮乏给美学研究所带来的限制，有利于重新审视我们过去的美学研究存在的片面之处、误解和武断现象，并多层面地、相互印证地、更为合理地重构中国美学史。中国人的审美意识广泛存在于各个时期创造的器物、艺术品和生活方式中，尚未得到充分的概括和总结，有待我们进一步发掘、整理、继承和发展，可为我们今天的思考提供审美资源，为美学研究思路的更新以及美学话语的转型提供契机，使其在当下重获新生和焕发魅力。

无论是中国美学思想史研究，还是中国美学理论研究，都面临史论结合的问题。对于中国美学思想史来说，中国美学理论是基础；对于中国美学理论来说，中国美学思想史是背景。研究中国美学思想史要还原其历史语境，以还原意义为主，建构脉络为辅。研究中国美学理论则是重视其当代价值，以建构为主，还原为辅。中国美学思想史研究可以进一步丰富美学理论，但一定要以美学理论为基础。我们要依托于中国古代美学思想的整体背景，对中国古代的思想加以整合。整理古代美学思想资源，有益于当代美学理论的建构，而建构的方法，也影响着美学思想史的研究和写作。

在中国古代美学思想研究的历史与逻辑的统一中，历史原则是优先的，历史背景是逻辑的基础。美学史的研究有助于破除美学家心中先在的逻辑偏见和思想成见。那种单纯用西方逻辑体系来解读中国古代美学思想，或狭隘的实用主义方法，都是不可取的。对于中国古代美学思想研究来说，我们一方面要基于古代美学思想本身的论从史出，从古代思想本身出发，概括出审美现象的规律来。那些把美学史作为既有观点和个人思想的注脚，或把中国古代美学思想套入现有美学体系之中的做法，都是牵强附会的，会使中国古代美学思想研究失去史学的价值。另一方面，我们又要超越具体时空和语境，让它们在当下，在全球化语境下发挥作用。

方法与研究对象是密切相关的，独特的研究对象需要独特的研究方法，对象与方法的关系是一种体与用的关系。我们尝试建构中国古代美学思想体系,需要在方法论上有独特的自觉意识,以便使美学体系有更多的独创性,更能适应现实要求。正是在这个意义上,我们借鉴西方、重视中国经典、重视历代的审美意识实践,重视多学科的视角与融会贯通,以及关注当代审美实际和审美需求,是中国美学体系研究的方法论特点。

我们对中国古代美学思想的研究,只能从中发现真理,而不能借此发明真理。作为中国古代美学思想的研究者,我们应该尊重客观的历史事实,突显研究者的历史意识,发现其中的闪光点和独到之处。中国古代美学的实证研究中并不反对理论创新,但理论创新需要奠定在历史意识的基础上,准确地理解中国古代美学思想的独特性。陈寅恪《冯友兰〈中国哲学史〉上册审查报告》提出研究中国古代哲学史,对于古人的思想"应具了解之同情",了解古人思想产生的具体环境和社会背景,以自己的睿智去领会古人的真意,成为他们的千古知音。中国古代美学思想研究也应当如此。

研究者个体可以有自己独特的视角和独到的研究方法,但必须尊重中国古代美学思想这一具体、特定的对象本身,而不能在中国古代美学史料中望文生义,断章取义,剪裁割裂,取其所需,甚至肆意歪曲,也不宜用当代的思想对中国古代美学思想作过度阐释。中国古代美学思想经典深刻地揭示了审美活动的规律,并且在审美实践中得到印证,需要我们从经典出发,在尊重文本的基础上作出合理的阐释。

三、综合融通的中国古代美学思想研究方法

研究中国古代美学思想的视角可以是多元的,诸种视角各有

利弊得失，值得我们多向度探索。偏重于研究专人专书的美学思想史，偏重于艺术门类专题的美学思想史，以及单纯以朝代划分的美学思想史等在研究上都是各有优劣的。我们需要在突出史的脉络的基础上，兼顾其他角度进行中国古代美学思想研究。中国古代美学思想的研究，要始终本着科学的态度，认真梳理其思想脉络，充分汲取其中的思想精华和理论精髓。从先秦到清代，中国古代美学思想既有一以贯之的脉络，也有不断变化和不断丰富的内容。社会背景在拓展，审美实践在拓展，人们的思考也在拓展。因此，中国古代美学思想的演进过程，是一个动态展开的过程。例如研究魏晋时代的美学思想，我们要重视各民族的多元融合，外来文化的融入与交流。我们通常说宋金元是转型期，那么它到底是怎么转型的？我们对这些问题的解释，需要以审美意识和美学思想的原境为根据。比如在绘画美学方面，宋代有宫廷画、文人画和民间画等审美趣味方面的区别，这同样反映在美学思想中。另外，中国美学思想史的研究还要重视精英与民间、雅与俗等关系的互动。

中国古代美学思想的研究，要有明确的学科意识，也需要借鉴其他学科的方法，以跨学科的视野拓展中国古代美学的研究方法，既不守旧，也不泛化。在新的历史背景下，我们对美学学科的理解，要重视学科本身的特征。我们研究美学问题，涉及美学与文学、艺术等诸多领域的关系，适度地借鉴哲学史、文论史和艺术理论史的研究是必要的，但各自的侧重点是不同的。美学与宗教信仰、伦理、道德等方面的关系也很密切，但更要重视美学的内部规律，不要被相关学科，如伦理学和宗教学所同化。我们可以运用文史哲等多学科相结合的研究方法，重视美学与政治和道德等领域的相关性，可以拓展美学学科，但不能模糊和泛化美学学科的界限，否则客观上就消解了美学学科。前些年曾经流行的审美文化史研究，把美学研究放到文化的背景中去理解，这虽然可以拓宽中国美学思想史的视野，但其中有些审美文化研究，只有文化，而没有审美，值得我们警惕。

中国古代美学思想有自身的思想源流和逻辑体系，其术语、范畴和命题也自成系统，既有其科学性和历史性，又有其特殊性和独立性。我们要直面中国古代美学思想的历史史实，尊重中国古代美学发展的逻辑线索，尊重中国古代美学思想史中的文本和审美现象，对其进行具体实证的研究。研究中国古代美学基本理论的学者，要有成熟的酝酿，对中国古代美学理论要有系统的理解；而中国美学思想史的研究也可以深化和丰富学者对中国古代美学基本理论的理解，两者是相辅相成的。中国美学思想史的研究者，心中应当有一个清晰的中国美学理论框架，这样才能鉴别中国美学思想中的史料，分析它们的美学价值所在。

中国美学体系的建立，除了强调哲学基础、重视思辨外，尤其要重视立足于中国的实证研究，需要有跨学科的广阔视野和比较研究的意识，将其与艺术欣赏等结合起来，将各时期的艺术品、文学作品、日常生活用具及日常生活本身作为审美对象，从审美关系中进行反思考察，归纳和总结其中蕴涵的审美意识。美学需要研究主体的审美心态和心理特征，要借助心理学的研究成果。只有这样，中国美学思想研究才能具有广阔的视野和深厚的知识基础，推动美学学科的不断精进。因此，我们要重视美学与其他学科的关系，从其他学科中吸取养料，促进美学学科自身的发展与建设。

四、对西方美学研究方法的借鉴

中国古代美学思想研究，要借鉴西方美学的研究方法，积极吸纳其中的有益成分。这是美学学科的历史和现状决定的。美学学科兴起于西方，西方美学在思想和方法上成就卓越。与中国古代美学相比，西方美学特别是西方现代美学有更为系统的学术形态和学科意识，体现着现代学术规范。因此，我们在当下进行中国美学思想史和中国古代美学理论研究的时候，在揭示和阐释中国古代美学思想资源的特征，建构美学理论体系等方面，都需要借鉴并化用西方美学研究方法，目的在于从中西参证中揭示中国古代美学思想的独特价值和独到贡献。漠视西方现代学术方法是一种鸵鸟行为。我们应该在借鉴西方美学范式的基础上，根据中国古代美学思想的具体实际，归纳出自己的美学思想体系，从而使中国古代美学思想在现代语境下更广泛地被理解和接受。

中国古代美学思想与西方美学思想和而不同，长期以来互补共存。我们要看到中国古代美学思想与西方美学具有可接轨的基础，要寻求中国古代美学思想的普遍性，包括它可以被其他文明接受的可能性，最终建构一个世界美学的学术共同体。中西美学面对人类共同的审美现象，体现出了非同质、可对话的特点，重视和借鉴西方研究方法，重视两者的共同性和差异性，可以激活中国古代美学思想的资源，推动中国美学思想的整理，在比较中揭示中国古代美学的独特特征，以便从交流互鉴中推进中国古代美学思想的发展创新。

我们深入研究中国古代美学思想，为最终建立多元一体的世界美学体系作贡献，要面对现实和未来，在中西比较和具体审美活动中验证、判断中国古代美学思想资源的价值意义。我们需要从全球化语境中，把中西美学看成是多元一体的世界美学的整体，从中阐发中国古代美学思想的独特性和创造性。中国古代美学思想需要向世界传播，其理论形态和思想观念要让西方可接受，这就需要我们努力缩小人类理解知识的差异，让中国古代美学思想被当代人包括西方人所理解和接受。当下美学的学术规范、思维方式和表达方式，也要求我们将中国古代美学思想以与西方美学交流对话的方式进入国际美学界。

需要注意的是，中国古代美学文献资料的整理，不能以西方美学为准绳，进入求同弃异的误区。西方汉学家是在西方视角的观照下进行研究的，他们对中国古代美学思想的探索值得我们学习和借鉴，但我们要有自己独立的研究方法，不能盲目信服西方汉学家，更不能将中国美学思想当成西方美学理论的注脚。对于世界美学思想史的整体来说，中国美学思想史虽然是特定地域的美学思想史，是地方性审美经验的概括和总结，但是西方美学思想史也同样是地域美学思想史，同样是地方性审美经验的概括和总结。我们不能用西方美学思想史以偏概全，抹杀其他地域的美学思想史。因此，我们借用西方理论体系整理中国古代美学思想资源，只能适度地借鉴，而不是把中国古代思想资源当作西方美学思想的附庸，依傍比附西方美学体系，以西方美学的理论体系、基本观点和学术规则肢解中国古代美学思想资源，舍弃中国古代美学思想的独特价值和特征。对外来思想方法的借鉴不能超越我们消化、吸收的能力。全球各地文明中的美学思想应当多元互补，世界美学思想史不是全盘西化的美学思想史，我们要重视世界各国、各传统文明中美学思想的差异性和丰富性。

五、中国古代美学思想研究的现实意义

中国古代美学思想研究必须体现出当代意识。中国美学和中国美学思想史作为一门独立的学科是现代中国学者以现代学科意识和学科规范对中国传统审美思想和艺术实践等进行梳理的结果。因此，中国古代美学思想研究并不是材料的简单罗列，也不是古董的静态陈列。中国古代美学思想研究应该体现出新方法、新视野和新视角，尤其要重视其当代意识和当代价值。这种当代意识在于它首先要有自觉的学科意识，以当代既定和国际通行的学术规范来研究中国古代美学思想，将中国美学思想史的资源转化成在未来有生命力的、可以与西方和其他文化体系中的美学思想进行对话的美学系统；以当代的视角和全球化的视角去审视，从中实现现代学术体系的规范和要求与中国古代美学思想的内在精神的统一，并且从史料中发现前人所未曾发现的线索和独特的思路，体现当代研究的水平，以便对其补苴罅漏、张皇幽眇，为当代中国美学理论的基本建设作贡献。

中国美学思想史的研究既要忠实于历史，又要立足于现实。忠实于历史，就要精确地阐释具体范畴在当时的生活和艺术活动中的精确含义，反对过度阐释，反对"六经注我"。中国古代美学思想的研究需要立足于现实，具有当代意识。只有在当下具有现实意义的美学思想，才会引起我们的关注，才会让我们感同身受，才会有深切的体验，才能具有理论价值。一切在当代没有意义和价值的美学思想，都不会产生共鸣，因而无法引起人们的重视。

当代的美学思想是历史发展的必然结果，不理解中国古代美学思想的历史发展脉络，就无法完整地把握中国古代美学思想。理解中国古代美学思想的起源与发展，有助于界定审美关系和人与对象的其他关系的区别和联系，把握美学思想的发展规律，以便温故知新，因势利导，对未来的审美及艺术实践起建设性的推动作用。另外，中国古代美学思想的发展不是一帆风顺的，鉴古知今，可以减少探索的盲目性。因此，探索中国古代美学思想的起源与发展，目的在于更好地指向未来，为引导审美实践的健康发展提供借鉴。

我们建构当代美学理论体系，必须继承中国古代美学思想中的优秀成果。当代美学的基本范畴，都是从历史演化出来的，把握中国古代美学思想的发展，对中国当代的美学理论建设同样是至关重要的。当代美学体系应该是整个人类审美思想发展的结果与延续，许多固有的基本范畴和理论系统，都是历史地形成的。当代人的审美意识，是同整个人类审美意识发展史血肉相连、一脉相承的，是千百年来历史演变的必然结果。在任何时候，人类的审美意识和审美理论都不可能在短时间内发生一场彻底的变革，都不能割断历史，也不可能凭空发明一整套审美意识取而代之。

我们应当从当代社会现实出发去审视中国传统美学理论的价值，对其进行创造性阐释，使之成为当代美学理论的源头活水，并且使它具有对现实审美实践的有效阐释功能。理论性和系统性是现代学科成熟的标志,中国古代美学思想理论形态的转型势在必然。正如我们在中国古代美学思想的研究中,需要继承传统、借鉴西方和面向当下,我们对中国古代美学思想研究方法的探索也同样如此。我们需要审视重构中国传统美学资源的可能性,包括其对当下审美实践的适应,整合中国古代美学思想中的概念体系,在微观分析与宏观综合的统一中揭示中国古代美学思想的独特贡献,加以继承并建构一个具有中国特色的美学理论体系。

本书从五个方面讨论中国古代美学思想的研究方法,即从历史的角度进行追源溯流,从美学思想资源的角度进行阐释,从比较的角度借鉴西方美学的研究方法进行中西参证,从美学本体的角度进行理论建构,从实践角度进行理论与实践的结合。鉴于概念系统包括术语、范畴和命题等在理论建构中尤其重要,故特设专章加以论述。这五个方面无疑不能囊括中国古代美学思想研究的所有方法,但其中包含了我对中国古代美学思想基本研究方法的理解。我在这里抛砖引玉,期待有更多更好的中国古代美学研究方法论论文和专著问世,期待学界通过自觉的方法论意识,深入推动中国古代美学思想的研究,进一步揭示中国古代美学思想的真谛和当代价值。

第一章 中国古代美学思想概述

中国古代美学思想有自身的品格和气质。它是中国古人长期以来审美经验的总结和对审美趣味的倡导与评价，体现了中华民族的审美观念和审美心理的规律。其中许多深刻的思想，与西方美学思想或相互印证，或互补共存，迄今仍然有着强大的生命力。我们需要在全球化视野下，结合当下的审美实践对其加以审视和继承，为美学理论建构服务，并呈现给国际学术界。

第一节　中国古代美学思想的厘定

中国古代有着丰富的美学思想资源，正如西方在鲍姆嘉通出版《美学》之前有着丰富的美学思想资源一样，本来是不需要论证的。正如鲍桑葵的《美学史》、吉尔伯特和库恩的《美学史》、克罗齐的《美学的历史》、塔塔科维奇的《古代美学》、比厄兹利的《西方美学简史》等书直接从古希腊开始论述西方美学史一样，中国古代美学思想研究，同样可以从先秦诸子开始论述中国古代美学思想史。到底是不是有美无学，中西都一样，只是美学史的传统有一定的差异和各自的特点而已。英国的鲍桑葵等学者对中国古代的美学思想和中国古代的艺术缺乏基本的了解，便以欧洲中心主义的偏见，歧视中国古代的艺术成就，批评中国古代的美学思想缺乏思辨理论的高度。[1]在此背景下，我们有义务深入研究中国古代美学思想，并在当代加以阐发，使其为国际学术界所知晓。

---

[1] 参见鲍桑葵《美学史》，张今译，商务印书馆1985年版，第2—3页。

一、全球化视野中的中国古代美学

与西方一样,中国早在两千多年前的轴心时代就已经有了对于审美问题的零星看法。长期以来这些看法日渐丰富,并形成了自己的传统,只是在中国的近代以前没有得到规范、总结和西方式的学理化而已。这些思想反映出中国人在审视问题的角度和方法等方面与西方既有相同之处,也有不同之处。西方曾经忽略了的某些审美问题,中国古代的学者提出过一些精湛的见解。而中西方在审美趣味等方面的明显差异,也体现在作为理论概括的美学思想中。因此,中国古代美学既包含着中国人从自己的角度对人类审美活动的普遍规律的概括和总结,又包含着中国人对人类审美活动规律的独特视角及理解,也包含着中国人对自身审美趣味和审美意识的独特概括和总结。无论是相同还是相异,中国古代美学在一定程度上与西方美学是互补的。因此,中国美学既有与西方美学相印证的一面,又有对西方美学进行补充的一面,更有丰富和启示世界美学的一面。这就需要我们在具体的研究中尊重中国古代美学的本来面目,既不可依照西方美学简单地取舍中国古代美学,对其进行同化,也不可以用狭隘的实用观点,对其进行肢解。

中西方审美活动中的生命体验也是有同有异的,文明形态的差异影响着审美趣味、审美理想和审美价值观。中国美学重视内在体验和实践的验证,把审美活动视作成就人生境界的活动。前人关于审美经验的心得体会,包括对具体审美现象的意见,通过概括和总结,提升为理想,既有学理的系统背景,又有审美和艺术实践的具体针对性。其中包括中国古代美学思想的整体性思维特征，包括物态人情化、人情物态化的审美思维方式等。中国古代美学思想的哲学基础在文学艺术理论的运用中，也在接受检验，从而进入美学思想的发展历程中。

有些反映中国人独特的审美要求和愿望的思想，在中国范围内，或特定的时间内，具有其存在的合理性。但它们不应该只是属于中国的，更应该是属于世界的，它们有利于当代美学学科的完善。虽然中国古代美学思想许多是零散的、缺乏系统性的，但它们确实是非常丰富的，对当代美学理论的建构具有相当的价值和启发性。中国古代美学思想不仅是中国人独特的审美趣味与审美实践的理论概括和总结，而且引导过、影响过中国人的审美趣味与审美实践。其理论概括既有人类审美活动的共性特征，又有民族的个性差异。它们必将会对世界的美学思想产生重要的影响，是世界美学的重要组成部分。因此，建立中国特色的美学理论体系，是继承中国古代美学宝贵遗产的需要，更是当代中国人对世界美学作出贡献的重要方面。

二、中国古代美学思想的主要特征

我们对中国古代美学思想的继承和发展，离不开对历代审美创造的继承和发展。一方面，中国古代的审美创造与古代美学思想之间是可以相互印证、相互阐发的。另一方面，中国古代的审美创造中有很多独到之处值得我们在当下的审美理论与实践中直接继承和发扬光大。

在中国古代美学思想中，审美关系是人与自然、个人与社会之间的重要关系。中国古代的美学思想以审美活动为主体。审美主客体的物我关系是审美活动中最重要的关系。由天人合一的思维方式所形成的审美关系，具有重视感物动情和情景交融等特点。同时，审美活动是一种创造活动，意象的创构是审美活动的成果，意象本体之中体现着生命意识。我们需要从中国古代美学思想资源中寻求潜在体系，基于当代审美实践和学科需要，建构一个适应当代需求的中国美学体系。

中国古代美学对人生价值的关注，对理想境界的追求，是值得我们继承的。中国古代美学将审美活动与对生命境界的不断追求、对人生的价值和意义的探寻紧密相连。中国古代美学思想的独特致思方式，中国传统美学重体验、重感悟的特点等，有现代美学值得借鉴的地方；中国人在农耕文化时代形成的生态意识依然值得今人重视。对于审美判断，中国美学重视体悟、反省，重视创造精神。中国古代美学在文体形态、范畴特征和表述方式等方面具有自己的特色，依然值得继承和发扬光大。如果我们能妥善处理好继承中国古代美学的方法问题，那么中国美学的现代性建设就会更具有中国特色和价值。

中国古人的审美追求的核心，乃是为了成就自由的人生境界。中国人的那种人生艺术化的自觉追求，通过审美活动铸造灵魂的人生态度，都体现在他们的审美主张中。中国人对于和谐、宁静的审美追求，以审美的态度去陶冶性灵、体验人生，与自然保持一种亲和的关系，把有限的人生融入无限的宇宙之中，从而使人生得以成就和超越。在后工业文明时代，这种人生态度有着积极的意义和价值，有助于我们唤醒生活的情趣，改变那种由工业文明的戕害而造成的机心。人生境界在本质上是文明所造就、所寻求的自由境界。返本还原依然是社会的人在感性生命上顺情适性，使内在心灵由调适而归于平衡。在这种平衡之中，又包含了精神追求对于现实的不断超越，即在基于现实又不滞于现实的基础上对外在自然与内在自然的超越，从中体现了主体不竭的生命力和气吞山河的情怀，并且超越了个体的局限，自觉地与礼义精神相吻合。

中国古代的审美意义上的人生，一方面指主体以自然的感性生命为基础，又不滞于感性生命，由自觉意识和内省体验而达到与宇宙精神合一的体道境界；另一方面，主体还以人的社会特质（即道德自觉意识）为基础，又不滞于人的社会特质，从心灵中获得精神自由的境界。这种体道境界与精神自由境界在审美的思维方式上的贯通合一，即审美的人生境界。人生要进入审美境界，必以自由为标志，而个体的自由，又并非超越宇宙和社会的自由。孔子说"从心所欲不逾矩"（《论语·为政》），这里所谓的"矩"，既包括宇宙的生命法则，又包括人类的社会法则，体现了合规律与合目的的统一。这种对自然的顺应，即能动地适应对象，是人生审美价值的重要内涵。这是现实的人生所追求的最高境界。

中国古代的审美趣味尤其重视生命意识。如来自哲学思想中的形神关系，以及风神、风骨、骨力、骨法、养气、生气、生趣等，都体现了生命意识。在中国古人看来，审美体验是一种生命体验，审美活动可以让主体超越有限的生命体验，使心灵获得超越有限、趋于无限的价值和意义。这种审美的人生的追求，不仅可以丰富和拓展世界各地的人们对审美价值的领悟，而且可以引导我们更加明晰地思考审美活动的目的及其与人生终极目的的关系，推动我们不断地去体验生命的崭新境界。而这与西方美学的终极目标正可以构成一种互补关系。

"天人合一"是中国传统的农业文明的产物，它对于美学至今仍有着深刻的意义。天人合一是中国传统文化中的一个重要的核心命题。在审美的意义上，它体现了人们以人情看物态、以物态度人情的审美的思维方式。在中国传统的审美思想中，人与自然是统一的，万物生命间是息息相通的，处于相互对应的有机联系中，存在于统一的生命过程中，体现出生命的某种象征意义。天人合一的思维方式，体现了中国传统审美活动的独特特征和有机整体的思想方法，这对我们总结人类审美活动的基本特征，乃至将中国传统的文艺理论思想发扬光大，有着重要的理论意义和实践意义。

天人合一不但意味着审美对象与人被视为一体，而且使主体在审美体验中跃身大化，与天地浑然为一。天人合一的境界是一种天人和谐的境界，个体投身到自然大化中去，实现个体生命与宇宙生命的融合。人可与日月同辉，与天地并生。人参天地化育，反映了人对自然的积极回应与人和自然的亲和关系。在审美活动中，天人合一不是单纯的主体对自然之道的被动体现，而是主体对自然的能动顺应，从对天地自然的积极适应和相融协调中伸张自我，实现心灵的自由。

中国艺术既源自自然，又参赞化育，造于自然。以笔补造化，正是天人合一的一种表现。天人合一的境界是一种天人和谐的审美境界。天人合一在人与自然亲密的基础上形成了一种相关的文化心理，这是人以诗意的情怀去体悟自然的结果，认为人与自然本为一体，是一种亲和关系。自然万物是愉情悦性的对象，人们可以从中获得身心的愉悦。中国美学正是从天人合一的生命情调中，即人与自然的亲和关系中寻求美的。

三、中国古代美学思想的思维方式

中国古代美学思想的思维方式有着值得当代美学建构借鉴之处。这种思维方式通过譬喻、连类和想象等手法，以诗意的情调体悟自然和人生，从中反映出体现生命意识的天人合一的思想和以人为中心的体悟特征，并且从中体现出和谐的原则。作为一种触及整个身心的活动，审美活动通过感物动情的诗意方式，体现了对象与主体身心的贯通——使全身心都获得一种愉快，并通过虚静的心灵和特定的感悟方式使主体的生命进入崭新的境界。

中国传统美学强调独特的重感悟的思维方式。这种思维方式作为一种始终不脱离感性形态的直觉体悟，经由情的感动，通过类比和感兴，使得主体在物象中从生理到心理，乃至在生命本原的体道境界中能与自然及自然之道合而为一，从中体现出主体生命的创造精神。这首先表现为一种比兴的方式，即类比和感兴的思维方式。这种方式是主体先通过感知与审美对象发生联系，引景入心，然后感物而生情。主体将自己的情性、志趣寄托在所感受的物象中，心物感应，遂成就了审美的主体。所谓外感于物，内动于情，就是主体感知的事物通过想象、类比等加工，在想象力的作用下举一反三，衍生出相关的情感，创造出崭新的审美意象。从先秦开始有自觉意识的自然比德说，从魏晋开始有自觉意识的畅神说，都反映了主体审美的比兴思维方式，体现了对象的特征与主体情调的对应贯通关系。

这种比兴的思维方式，使得主体的心灵受到了自然山水的感发而获得了升华，形成了一种使自然对象超越物质的障蔽，成为独特的精神形态的传统。李仲蒙把比兴视为主体对自然山水体悟的两种思维方式，即借景抒情和即景生情。其中比不只是艺术中的比喻方式，更是审美活动中比拟的体验方式。善用比喻，反映了中国古人审美的感受特征和思维特征。这使得主观情感投注到对象上，通过联想等方式丰富了感受的内涵，强化了感受的情趣。这种比类取象的方法被进一步运用到艺术观上。艺术品被视为一个有机的整体，仿佛是系统的、完整的人的外化。

在中国古代思想中，以自然比附社会文化的方式所形成的比德传统，把自然看成是德性的象征，乃是一种成熟的比喻文化。比德说认为自然对象之所以美，是因为对象的某些自然特征与人的德性等精神品质有一定的相通之处，主体在观照它们的时候，以己度物，引发了特定的联想，将山水性情或特征与主体心灵贯通起来，使自然山水具有丰富的意蕴，从中获得审美享受，并借以感发和提升自己。在感受者的眼里，自然成了道德的象征，构成了审美的境界。在现存文献中，这种比德思想最早来源于孔子。如子在川上曰："逝者如斯夫，不舍昼夜"（《论语·子罕》），将滔滔不绝的流水与时光的流逝相比拟。刘向《说苑·杂言》中，记载孔子以水为君子移情比德的对象，这是天人合一思维方式的运用。后来孟子、荀子等均对此加以阐释、发挥，形成了一个比德理论的传统，并深深地影响了后世对自然的审美领悟。后世诗画中盛行的松竹梅兰菊等题材，均受比德思维方式的影响。

兴是感性物态直接感发主体的情意，引发丰富的联想和深切的体验。这是一种即兴的体验，包含着当下的灵感。兴发之时，眼前的景物便染上了人的感情色彩，欣赏者的情思和意趣正通过这种景物获得感性、具体的表现。因此，兴的感发是沟通物我、融合情景的欣赏方法，是依物生情，由自然引起的激荡和回应。它使得自然山水作为心灵的对应物，作为主体精神成就的对应物而存在。物象感动心灵，而兴会的灵感让我们豁然贯通，从对象中受到情感的激荡，在审美活动的瞬间，在忘我的刹那，实现物我交融。这是一种心物偶然相遭、适然相合的心理体验。通过兴的思维方式，主体在审美活动中即景会心，自然灵妙，有一种浑然天成、不着痕迹的特点。在审美活动中，主体感物兴情，感而能兴，兴以起情，是以主体的感慨和体验为基础的一种直觉体验。

自然之象与主观情意的融合，是通过比兴实现的。中国古代的诗歌以鸟兽草木比、兴，重视心物间的感应。孔子的"仁者乐山，智者乐水"，通过比拟和譬喻的思维方式，从自然中寻求精神寄托，拓展自我的精神生命。人们从山水比德中获得欣悦，以自然特征与人的精神品质相类比，把自然看成人的特定心态的象征。在对人生的审美体验中，比兴具体表现为"以己度人，推己及人"。

中国古人特别重视审美活动中悟的特点。"悟"本义为心领神会。心解、了达，就是一种透彻的领会。佛教禅宗则讲究了悟本心，由悟见性。通过悟来寻求生命的归依，是整个审美活动中体悟的写照。在审美活动中，悟是一种主客体沟通的思维方式，是一种通过直觉、经神合到体道的审美体验，而这种体验又是在瞬间完成的。它以意会为基础，但又超越意会，既体验到对象，又把握到自我，包含着豁然贯通的觉醒。

在审美活动中，悟是主体通过对自然大化的生命精神的体验，通过对社会道德律令的比附贯通的把握，并且借助于内心的省思，对人生心领而神会，从而超越了现实的既定的人生体验，消解了自然规律与社会法则的对立，进入一种物我两忘的个体与社会、主体与自然之道的交融境界。悟使得诗情与物象交融为一，是一种即景而会心，或因景而生情，或因情而触景，实现物我合一。这是一种物我之间由感而通的境界。悟是在景的感动下情感的激荡与生命的勃发。通过悟，人在审美中实现了物态人情化，人情物态化。通过妙悟，主体由感官感受到的感性对象，激发起内心澎湃的情思；由悟对而通神，使得心灵突破身观局限，超越现实的时空；由主体体悟自然之道，而使自我得以升华，从而神超形越，从了然于心进入游心于道的化境之中，使大化精神汇入个体的精神生命，从而创构出自由的人生境界。

四、中国古代美学思想的基本特点

在美学的理论形态上，中国传统的美学思想常常通过直觉的方式对审美现象进行反思。与西方传统的分析方法相比，中国传统的思维方式更趋于综合，更具有人文情调。这是一种诗性思维，它始终不脱离感性形态，具有不即不离、若即若离的特征。中国古代的思想家们往往依靠敏锐的直觉体验，重领悟、重描述、重整体感受和印象，带有较多的直观性和经验性，对读者进行感性引导，富于启发性，多给人以启示，让人了然于心，在体验中获得共鸣，从中反映了中国古代美学思想的诗性内涵。对于艺术作品，中国古代的学者常常寓目辄书，或比较，或比喻，或知人论世，或形象喻示，均为诗性话语，但遗憾的是这些诗性话语缺少缜密的分析。

首先，中国传统的美学思想重视感悟和连类无穷的诗性表达，其美学思想自身就是诗意的、审美的。艺术批评如诗论，就有以诗论诗的传统。杜甫的《戏为六绝句》和《解闷五首》、白居易的《与元九书》等都是批评文体中的名作。韩愈的论诗诗，数量多，诗语奇，如《调张籍》用了一系列奇崛的比喻来状写李杜诗风的宏阔与雄怪，读来令人惊心动魄。司空图的《二十四诗品》更是运用优美的语言来评说诗人诗作和诗意诗境。其他如陆机的《文赋》、曹丕的《典论·论文》、欧阳修的《六一诗话》等本身就是文学艺术作品。

这是由中国传统文化的基本特征决定的。中国上古时代的农耕文化造就了中国传统的诗性文明。农耕的生产方式，决定了中华民族特定的心理特质和思维方式。中国传统的美学思想之所以会走向与西方不同的诗性道路，就在于中国古代早期文化中所孕育出来的诗性智慧，同时也是儒道释共同作用的结果。中国艺术重赏会与妙悟，中国传统的美学思想与艺术思想也重赏会与妙悟，这种妙悟的方式本身也是诗意的方式。他们从创作和欣赏活动的切实体验出发，引发读者通过体验而共鸣。

第二，中国传统美学思想还具有具象性特征。中国传统美学思想常常以象喻义，具有暗示性和启发性。中国文字以象见义，象形会意的文字不但给中国文学带来了特点，也给中国的学术带来了特点。中国文字具有单体独文和表意性特征，在文法上没有主动被动、单数复数以及人称和时间的严格限制。涵喻的字词是流动的，随时相配而构成新的单元，而不拘于宾主、人称等种种关系和要求，所以它多变、简洁、富有弹性。用它构成的文学作品也富于暗示、朦胧的特性，同时，它也适于情调、气氛的描写。这些特点造成了中国古代美学理论中文学修辞的发达、诗文评论讲究炼字和炼句、散文评论讲求整齐和谐的俪偶和短长高下的气势等特点。这就造成了中国美学理论比较重视感性，又超越感性；基于具象，又超越具象；重体验，直诉直观体验；重视心印，以感性形象喻诗；通过生动的形象对对象加以表述，想象奇特、引譬连类，形象地表达了抽象的内容，如《二十四诗品》中常用"如""若""犹""似"来形容一些基本的审美特征。

第三，中国传统的美学思想本身也体现了生命意识。中国艺术特别是书画和文学等，为了能使形更好地表达出神韵来，常常用骨、气、血、肉、肌肤等加以描述，这无疑也是生命意识的体现。钟嵘所谓"真骨凌霜"（《诗品》），宋曹所谓"用骨为体"（《书法约言》），沈宗骞所谓"画以骨格为主"（《芥舟学画编》）等，分别在诗歌、书法和绘画诸方面用骨来对作品作生命的描述。荆浩《笔法记》称："笔有四势，筋、肉、骨、气。"唐岱

《绘事发微》要求绘画"骨肉相辅",刘勰《文心雕龙·附会》云:"必以情志为神明,事义为骨髓,辞采为肌肤,宫商为声气。"苏轼论书云:"书必有神、气、骨、血、肉,五者阙一,不能成书也。"(《东坡题跋》卷上)张怀瓘论画云:"象人之美,张(僧繇)得其肉,陆(探微)得其骨,顾(恺之)得其神。神妙无方,以顾为最。"(《画断》)……其他如风骨、气韵、风力、骨气等,均属生命系统的范畴。中国艺术常常追求"一片化机之妙"的境界,正是一种体现生命意识的体道境界。

第四,中国传统艺术具有重机能、轻结构的特点。中国传统艺术注重的不是维纳斯式的结构比例,也不强调对形体的简单摹拟。中国古代文人对自然,对外界,既是亲近的,又是敬畏的。他们认为无须细腻地摹拟自然对象的形态,"论画以形似,见与儿童邻"(苏轼《书鄢陵王主簿所画折枝》),也不可能写出对象的逼真形态来。人在这一点上,是不能与自然匹比的;而人之神态、气质、美丑、好恶,又非摹形所能传达。"欲得其人之天"(苏轼《传神记》),必当重以传神,必当重其充盈的生气。于是,人们便从神,从风骨、气血、肌肤等生命力的表征上去谋求表现。中国艺术的所谓骨气血肉,也非肉体的现实,而是从功能角度去把握的。无物之象,无骨之肉,必不能立,更无风力可言。故画虽无骨,却处处见骨。字虽无血,却能墨中见血,无血则不生。至于肌肤,则更是神采的体现。故传统的艺术,轻形而重神,以神为中心,从机能的角度,以人比艺,将艺术视为一个生命的系统。

五、中国古代美学思想的研究基础

我们对中国古代美学思想的整理、发掘和创造性继承，遇到两方面的责难。一是国粹论者认为我们对中国古代美学思想的理解和把握不够原汁原味，对它们在当下语境中的取舍有实用主义之嫌。二是虚无论者认为中国古代美学思想陈腐、过时，不及当代西方美学先进，因而没有研究的价值和必要。其中有的学者把全球化理解为全盘西化，认为学习西方美学，让西方美学在中国落地生根，才是我们的方向。甚至有人提出，西方美学的中国化，就是中国美学，这无疑是一种文化殖民主义思想。我们重视学习西方美学，但不能简单地用西方中心论的殖民文化和半殖民文化的心态对待西方美学。

中国古代从先秦的《周易》和儒道诸家开始，到历代的哲学思想，《乐记》《考工记》和历代的文论、乐论、画论、书论，以及戏曲、园林、建筑理论，乃至笔记、书札等文献中，包含着丰富的美学思想，其中有古人对审美规律、审美特征和审美经验的总结，从哲学思想中移用并专门提出了一系列的术语、范畴和命题。尽管这些美学思想在许多文献中显得零散，但其内容同哲学和文学艺术的潜在体系是相适应的，它们发生、发展和演变的规律，其中所包含的潜在的美学理论体系，既有哲学层面的理论归纳，又有审美心理特征的描述，也包含着艺术创造和欣赏等方面的规律，值得我们加以研究和挖掘，这是我们当代从事美学理论建构的基础。

在中国古代美学思想中，包含在艺术哲学中的术语、范畴和命题，大都植根于中国古代哲学思想。宗白华曾经说：

中国画所表现的境界特征，可以说是根基于中国民族的基本哲学，即《易经》的宇宙观：阴阳二气化生万物，万物皆禀天地之气以生，一切物体可以说是一种"气积"（庄子：天，积气也）。这生生不已的阴阳二气织成一种有节奏的生命。中国画的主题"气韵生动"，就是"生命的节奏"或"有节奏的生命"。伏羲画八卦，即是以最简单的线条结构表示宇宙万象的变化节奏。[1]

也有一些艺术门类的术语，后来上升到哲学的层面，不同艺术门类之间艺际借鉴术语的情形也时有发生。许多表达诗意思想的命题，如"游心太玄""俯仰自得"等，也被上升到哲学的层面。

在尊重中国古代美学思想的本来面目方面，宗白华是我们的楷模。他的《中国美学史中重要问题的初步探索》一文，充分表达了他对中国美学思想史独特特征的理解。宗白华把中国古代美学思想放到中国传统的宇宙观和社会观的大背景中去理解，是符合中国古代美学思想的实际的。他对中国古代哲学和工艺美术思想的阐释，对中国绘画、书法、音乐等艺术及其批评的灵心妙悟，乃至对晋人风神的剖析，对雕饰和自然风格的强调，对虚实、骨力等范畴的重视等，都对后来的中国美学思想史的研究产生了或隐或显的影响。宗白华力求将诗歌、音乐、书法等艺术创造与古人的美学思想统一起来加以研究，这值得我们重视。中国

---

[1]《宗白华全集》，第二卷，安徽教育出版社2008年版，第109页。

数千年来的审美创造和美学思想共同铸造了我们审美的心灵,我们在具体研究中必须将两者加以参证。20世纪60年代,宗白华在指导了《中国美学史资料选编》后,本来想主编一本《中国美学史》,但由于编写者不同意他的美学观念和基本架构,导致计划流产。今天,我们许多中国古代美学思想的研究者对宗白华中国古代美学思想研究方法的继承,或许多少可以弥补他平生未能成功主编《中国美学史》的缺憾。

朱光潜的美学研究方法,值得我们在研究中国古代美学思想时借鉴,一是补苴罅漏,二是张皇幽眇。在世界美学系统中,中国古代美学有补苴罅漏的功能。同时,在对中国古代美学思想的研究中,一些有价值的萌芽也需要我们发扬光大,这就是张皇幽眇。中国古代美学范畴的特殊性与致思方式的特殊性,一方面需要我们研究者适应时代要求;另一方面其独到之处,也值得我们张皇幽眇。中国古代美学思想中顿悟式的感兴和印象式的点评,以及其中所呈现的类比思维方式,虽不能作为学术的基本形态,但是依然可以作为现代美学的辅助形态。

中国古代美学思想作为对中国古人审美活动规律的总结,其中必定包含着人类活动的普遍规律,乃至包含着西方美学思想中未能总结到的一些规律。这不仅有益于中国现代的美学学科建设和审美实践,也有益于世界的美学学科建设和审美实践。例如,中国古代美学有一个以意象为中心的潜在体系,并且形成了一个源远流长的传统,值得我们加以继承。而中国传统的整体性和体验性等特征也依然值得我们继承和发展。中国古代美学对审美活动中物我浑融的表达,是独特的;而其中从有机生命整体的角度把握人的审美活动的特征，则是深刻的。中国古代美学思想中体现了创造性和超越性特征。

六、中国古代美学思想的理论形态

中国古代美学是人类的共同财富，我们需要重视资源的内在活力，挖掘其中值得继承和发扬光大的内容，通过现代阐释和理论整合呈现其价值，开拓创新，建构原创性的美学理论体系，真正把中国美学作为多元一体的世界美学中的一元。我们既要看到自己美学思想的成绩，看到别人的不足，更要看到别人的成绩。

首先，中国古代美学思想有自己的学科疆域，它应当是美学的历史，而不应当是文化史或艺术理论史甚至风俗史等。我们主张中国古代美学思想研究，可以突破一些狭隘的理解，兼顾理论与实践，但这并不意味着美学这一学科没有基本的边界。时下一些研究美学或中国古代美学的著作，把中国古代美学的概念泛化了，以文化为美学的全部内容，以现实生活的一切内容为美学研究的对象，衣食住行，无所不包，在人格品评中美善不分，甚至以消费活动为审美活动，以动物性的感官快适为美感，这是对美学这个词的滥用，不但降低了美学学科的格调和品位，而且使美学学科成为无边的学科，最终会导致美学被解构，是美学研究中的一种堕落行为。我们要维持美学学科的严肃性，不能泛化美学。中国古代美学与西方美学在研究内容和范畴体系等方面确实有着相当的差异，但这不是中国古代美学没有边界的理由。尽管学术界包括美学界对审美和美学的对象和内容的界定还存在分歧，作为严肃的学术问题当然还可以讨论，但我们还是一定要将美学与文化等区分开来,而不能使美学失去规定性。尽管我们可以从中国文化思想里披沙沥金,提炼美学思想,但美学本身必须尊重美学的基本学术规范,不能把美学同艺术学、伦理学混为一谈,更不能把它看成意识形态的附庸。中国古代美学所讨论的基本问题应该而且必须是审美问题。我们应当尊重迄今为止美学前辈对美学和中国古代美学学科的研究成果。

其次,中国古代美学思想应当是中国美学理论与实践统一的美学,而不应当只是美学理论史。中国美学思想史的资源既包括前人已经总结出来的理论内容,也包括尚待总结的感性材料,兼顾形而上的思想资源和形而下的感性审美物态。整理古代学者的美学思想,是我们美学工作者的责任,而在古人的艺术(包括工艺)创造的实践中概括和总结他们的审美意识同样是我们的责任,而且更有难度,在某种程度上说更有价值。我们应当超越局限于美学理论来研究中国美学的思路,从更为广阔的视野中研究中国古代美学。因此,研究中国古代美学思想既要以已有的理论和思想为基础,又要在审美的感性形态尤其是艺术实践中对其进行概括和总结,而不能把那些尚未归纳总结,或归纳总结得不够的审美现象搁置一边。即使是已经从前人视角作过总结的对象,也可以用新的方法进行总结。这些艺术实践不但可以给我们提供作为印证已有理论和思想的基础,而且其中保留了丰富多彩的审美趣味和审美理想的标本。因此,我们要重视古代的优秀艺术品,重视出土文物,要以感性对象为基础。中国早期工艺的创造、绘画、音乐、园林建筑、文字的创造和书法乃至社会制度等具体的创造物和艺术作品中,都显示了中国人独特的审美理想和审美趣味，并且将技艺与宇宙之道贯通起来。由此而产生的相关的艺术理论和批评，体现了中国古人的审美理想和审美趣味。可以说，中国美学在中国哲学体系的背景下，更充分地体现在各门类艺术理论中，并对各门类艺术产生了深刻的影响。在此基础上，我们应该对中国古代美学中的道与器、雕饰与自然以及雅与俗的趣味均给予足够的重视，使审美意识得到更全面的展示。

第三，在全球化视野下，中国古代美学思想从内容到研究方法均应该具有鲜明的中国特色。因此，我们要尊重中国古代美学的本来面目，反对不顾中国古代美学的实际，简单套用西方的方法研究中国古代美学的做法，也反对用个人的思想去割裂中国古代美学。既然美学作为一门学科是在西方诞生的，西方在美学学科上已经先行一步，积累了丰富的经验，那么用西方美学作为研究中国美学的参照坐标，是非常必要的，可以借此看出中国古代美学的特点。要重视比较，在比较中能够更加深入地看到中国古代美学的特质。中国美学有自己的特点，即使在和谐等与西方相通的范畴上，也与西方在角度、内涵等方面迥然不同。相比之下，中国美学更重视机能效果，而轻结构形式。但西方美学也只能作为参照坐标和比较的对象，不能以西方的范式削足适履，不能以中国美学比附西方美学，更不能以西方美学肢解中国美学，这就不能在中国美学范畴和西方美学范畴间简单画上等号，正如不能在天人合一和人化自然之间简单地画等号。过去那种用唯物主义、唯心主义作为主线去贯穿中国美学思想史，或是用现实主义、浪漫主义去划分文艺现象，都是不符合中国古代美学的具体实际的。中国古代美学与西方美学既有逻辑上的一致性，又有内涵上的差异性。中国古代美学既有依托于中国哲学传统的独特的范畴系统，又与审美体验和艺术实践有着天然的联系。因此，它需要我们处理好中国哲学与中国艺术理论和中国艺术实践的天然关系。比如，中国古代美学高度地体现了生命意识，重视内在的肌理和功能的评价。诸如"气韵生动"不仅体现在各门艺术的评价中，也体现在对人物气度的评价中，贯穿在整个中国古代美学中；而不像西方美学那样拘泥于黄金分割一类的形式规律。在思想形态上，中国美学更注重生动活泼的感性评点，表述主体的体验和感受，而不同于西方以理性的逻辑论证为主。文人和艺人在笔记、体会中，表达了他们对美学的精湛的见解。所有这些，我们都应该尊重中国古代美学自身的特征。

第四，中国古代美学有自身的源流和自身的逻辑，其术语、范畴和命题也自成系统，既有其科学性和历史性，又有其特殊性和独立性。我们要直面中国古代美学的历史史实，尊重中国古代美学发展的逻辑线索，尊重中国古代美学中的文本和审美现象，对其进行具体实证的研究。那种单纯用西方逻辑体系来解读中国美学思想史，或对其采取狭隘的实用主义方法，或把中国古代美学套入现有的美学体系的做法，都是牵强附会的。如果说"六经注我"作为一种学术方法在论证过程中有它的可取之处的话，在中国古代美学这种历史科学的研究中，它是不可取的。"六经注我"突显了研究者的历史意识，虽然也常有闪光的、独到的发现，但从根本上违背了美学的客观规律。美学的实证研究中并不反对理论创新，但理论创新需要奠定在历史意识的基础上。在中国古代美学研究的历史与逻辑的统一中，历史应该是优先的，历史背景是逻辑的基础。对美学史的研究有助于破除美学家心中先在的逻辑偏见和思想成见。对于中国古代美学研究来说，尤其是目前来说，只能论从史出，而不能把中国古代美学作为既有观点的注脚，否则会使中国古代美学失去历史价值。

第五，尊重中国古代美学的本来面目，并不排斥中国古代美学研究中的当代意识。中国美学作为一门独立的学科是现代中国学者参照西方美学建立起来的，是以现代学科意识和学科规范对中国古代审美思想和艺术实践等进行梳理的结果。因此，中国古代美学并不是材料的简单罗列，也不是古董的陈列，应该体现出新方法、新视野和新视角，尤其重视其当代意识和当代价值。这种当代意识在于它首先要有自觉的学科意识，从当代既定的学术规范来研究中国古代美学。这就要求我们要按照国际通行的学术规范，将中国美学思想史的资源转化成在未来有生命力、可以与西方和其他文化体系中的美学思想进行对话的美学系统，以当代的视角和全球化的视角去审视，从中实现现代学术体系的规范和要求与中国美学思想史的内在精神的统一，并且从史料中发现前人所未曾发现的线索和独特的思路，体现当代研究的水平，以便对其补苴罅漏、张皇幽眇，为当代的中国美学理论的基本建设作贡献。可见，中国美学思想史研究中体现当代意识与中国美学思想史实际并不矛盾，与"六经注我"式的美学史方法有着本质的区别。

第二节　中国古代美学思想的发展历程

中国古代美学思想的发展历程，大致可以分为四个时期。先秦两汉是萌芽发端期，秦汉魏晋至唐是发展变化期，宋金元是转型成熟期，明清则是丰富总结期。

一、先秦两汉——萌芽发端期

中国古代的审美意识，上古时代就已经萌发，但真正获得理性的概括与反思的，还是到了春秋战国时期，特别是集上古之大成而繁荣盖世的先秦诸子百家时期。其中贯串诸派并对后世产生重大影响的共同思想有两个：一个是天人合一的思维模式，一个是贯串自然与社会的和谐原则。

天人合一的思维方式夺胎于万物有灵，却又是以"人为中心"的立场为前提的。殷商以前，中国古人畏天命、敬鬼神，是很难进入审美的自觉状态的。但在此之前的盘古开天辟地、女娲炼石补天等神话传说又不自觉地强调德的主观能动作用。到周代，《诗经》中骂天，诸侯以自己的意念解释天命，甚至带有调侃的味道，乃是人的独立人格寻求与天地相参，以游戏的态度思维，使天人合一的审美思维方式得以成立。西门豹治巫，老庄不提天命鬼神，都表明无神论的理性主义已经形成正气。所谓"惟人为万物之灵"（《尚书·泰誓》）、为"五行之秀气"（《礼记·礼运》）、为"天地之心，五行之端"（《礼记·礼运》），都在强调人的主导地位。孔子以人文精神解释祭祀缘由，仅借天命发发牢骚。这都表明审美观念上天人合一的自觉意识背景已经形成。阴阳五行和谐原则，便是天人合一思维方式的重要成果。

在先秦，孔子以山水比德，认为"岁寒，然后知松柏之后凋也"（《论语·子罕》）、"智者乐水，仁者乐山"（《论语·庸也》）都是天人合一思想的运用。孟子的"尽心知性以知天""上下与天地同流""万物皆备于我矣"（《孟子·尽心上》），强调在主体内部寻求自然之道，觉天以尽性，尽性便能知天。正是在此基础上，人才能顺情适性，与天地同其生命节律，以万物适宜恬悦于我。《礼记·中庸》所谓"赞天地之化育""与天地参"便是这种思想的发挥。庄子讲"天地与我并生，万物与我为一"（《庄子·齐物论》）、"独与天地精神往来"（《庄子·天下》）正是主体从心灵上能动地与宇宙精神为一的自觉追求，使主体不仅从感性生命上与天为一，而且从精神上通过天人合一的追求在精神上获得自由。《管子·心术上》："虚而无形谓之道，化育万物谓之德。"这种自然道德观与人的精神境界之间的贯通一致，正是天人合一思维方式的结果。《易传》在《易经》的基础上加以发挥，体现了诸子对天人合一的相通看法。强调天道、人道、地道的贯通合一，强调"夫大人者与天地合其德，与日月合其明，与四时合其序"（《周易·乾卦·文言》），强调"天行健，君子以自强不息"（《周易·乾象》）。倡导人体自然之道，并在此基础上发挥主观能动的刚健精神。这种思想到董仲舒被纳入一个系统，这个系统虽牵强，却从此形成一个天人合一的理论传统。在审美的意义上，天人合一意味着对象与人不但被视为一体，而且使主体在审美体验中跃升大化，进而与天地浑然为一。后来的所谓"情景交融"，所谓"外师造化，中得心源"，艺术中的所谓比兴方式，以及"大乐与天地同和"（《礼记·乐记》），"夫画，天地变通之大法也"（石涛《画语录》），主体身心节律与对象自然节律之间的契合协调，乃至张载所谓"民胞物与"（《西铭》）的精神，都是天人合一的具体表现和延伸。

与天人合一相联系的是贯通自然与社会的和谐原则。这种和谐原则主要指形态上的协调、相融和恰到好处，包括阴阳刚柔的相反相成和以五行为主的相辅相成。在先秦思想中，儒家以中庸为基础，讲究中和。《礼记·中庸》云："喜怒哀乐之未发，谓之中，发而皆中节，谓之和。"反对过，过犹不及。音乐要"乐而不淫，哀而不伤"（《论语·八佾》），为人处世要"文质彬彬，然后君子"（《论语·雍也》）。道家则讲究太和、至和。老子的"大音希声""大象无形"，要求人与自然达到最高和谐。庄子讲究齐物，要万物齐一，合乎天道，以达到物我兼忘。

儒家的审美思想是先秦诸子思想的主流之一，而孔子则是儒家思想的奠基人。孔子审美思想的核心在于成就人生的最高境界，即"从心所欲而不逾矩""与日月合其明，与天地合其德"的圣人境界，从中体现了智与德的高度完备，并通过个体的修养推广到整个社会。他认为审美的愉快超过了物质上的感官快适，以至进入迷狂状态。《论语·述而》云："子在齐闻《韶》，三月不知肉味。曰：'不图为乐之于斯也。'"他所谓"知之者不如好之者，好之者不如乐之者"（《论语·雍也》），将审美境界视为比认知、欲求更高的境界，是精神上的满足。他所谓"兴于诗，立于礼，成于乐"（《论语·泰伯》），由感发、认知、教育为主的诗为起点，以道德规范的约束而立身，最终在乐中成就人生。他还主张将社会的道德规范转化为与天性融为一体的心灵的自觉要求，追求"浴乎沂，风乎舞雩，咏而归"（《论语·先进》）的境界。

孟子在孔子"性相近"的基础上，主张性善论，并以此强调审美感受的共同性，"口之于味也，有同嗜焉；耳之于声，有同听焉；目之于色也，有同美焉"（《孟子·告子上》）。虽然还停留在感官的生理机制方面，但毕竟难能可贵。他在人的共同性方面说"至于心，独无所同然乎？心之所同然者何也？谓理也，义也"（《孟子·告子上》），即强调心理上的必然愉快，如同感官快适一样有效。这种对人格精神的倡导，同样具有审美的意义。《孟子·尽心下》："可欲之谓善，有诸己之谓信。充实之谓美，充实而有光辉之谓大，大而化之之谓圣……圣而不可知之之谓神。"这是在评价乐正子个人人格的一段话，有功利性谓之善，有独立人格谓之真诚，美则是人内在修养充实、真善统一、内外一致。所谓大、圣、神，则是美的三种境界。中国古人有以大为美的趣尚，如"硕人其姝"，如孔子赞颂尧之人格"巍巍乎""荡荡乎"等，相当于壮美的风格。大至感化，泽及他人的人格，乃为圣人。超越于圣人的不知其然而知其所以然的玄妙境界，乃是孟子所谓的神境，显示出人间的特征。在人生境界的成就上，孟子主张尽心知性，强调养气，即通过自觉的身心修养，使个体人格得以充实和完善。他倡导"养浩然之气""塞于天地之间"，即通过养凛然正气，获得独特的崇高精神品质，借以使人格的力量一往无前。这就是孟子所追求的审美的人生境界，即人生最高境界。

荀子是儒家的后期代表，与孟子多有不同，并汲取了其他学派的观点。他既强调顺天，"上察于天，下错于地，塞备天地之间，加施万物之上"（《荀子·王制》）；又要求"明于天人之分","制天命而用之"(《荀子·天论》),重视后天的能动努力。他针对当时的社会现实,主张人性本恶,但可以通过造化造就。他的"化性起伪"认为人的本性是自然的,通过后天习得,获得文明和修养。他认为人的感情乃是本性受外物感发的结果,以性为本体,寓于形神统一的身之中。《荀子·正名》:"性者,天之就也,情者,性之质也。""性之和所生,精合感应。不事而自然,谓之性。性之好、恶、喜、怒、哀、乐,谓之情。"而人的先天感觉能力与人的心情是相通的,并且有着普遍有效性,如《荀子·荣辱》:"目辨白黑美恶,耳辨音声清浊……是又人之所常生而有也,是无待而然者也,是禹桀之所同也……"《荀子·正名》:"凡同类同情者,其天官之意物也同。"并且强调了心灵对感官的能动作用:"心不使焉,则白黑在前而目不见,雷鼓在侧而耳不闻";"心枝则无知,倾则不精,贰则疑惑"。《荀子·正名》还说:"心忧恐,……耳听鼓声而不知其声,目视黼黻而不知其状。"荀子在虚静方面的观点,则更接近于道家学派。他的"虚壹而静"以不受先人成见影响为虚,以诸感官不相悖、不相妨为壹。"不以所已臧害所将受谓之虚";"不以夫一害此一谓之壹"(《荀子·解蔽》)。

《乐记》是先秦儒家艺术理论的总结,对后世美学理论产生了重大影响。其因整理时代较晚,受整理者学识所限,篇章较多杂纂,前后时不相贯。后起文献如《荀子》《易传》《吕氏春秋》《汉书》等多有引录《乐记》之处。其对美学理论的影响主要有天人合一的思维方式和感物动情的主体特征。《乐记》将天地之和视为宇宙间最大的乐。表现为:"地气上齐,天气下降,阴阳相摩,天地相荡,鼓之以雷,奋之以风雨,动之以四时,暖之以日月……"这种天地之和,是万物生命力的根源。万物茁壮成长,便是乐的根本大道。"天地䜣合,阴阳相得,照姁覆育万物,然后草木茂,区萌达,羽翼奋,角骼生,蛰虫昭苏……"总之,天地自然相合,阴阳有机统一。阳光、水分和养料化育万物,使之生机勃勃、健康成长。这种生命力便是万物之为美的源泉。《乐记》还把人类社会看成天地和谐的整体的一部分。当纯正的音乐感动着人们的时候,和顺的气氛就随之形成,并影响整个社会。万物的根本规律,都是同类相应的。它继承前人看法,认为艺术起于主体心灵感于物而动,"人生而静,天之性也,感于物而动,性之欲也"。感人之物,既包括自然,也包括人类社会。治世、乱世、亡国之音是各不相同的。《乐记》还反复强调人的七情是感于物而动的结果。

道家的审美思想是先秦时期的另一主流。道家创始人老子在审美问题上并无多少直接的看法,但他从宇宙论的角度看待人生和社会诸问题,形成了独特的学术传统,对后世的审美理论产生了重要影响。他继承《易经》的生命意识传统,要求顺任自然。他认为大象无形,视之不见;大音希声,听之不闻,主张以广大无边、周流不息的宇宙精神为最高和谐。这种宇宙精神一本万殊,有象而无定象,有物而非定物,故不能通过单一的感性形态充分表现它。他主张万物相反相成:"有无相生,难易相成,长短相形,高下相倾,音声相和,前后相随。"(《道德经》第二章)反映了事物的生存规律,也反映了生命的节奏特征,并把它视为众妙之门。他要求主体自身返璞归真,返本归根,以顺任自然,以道体道。故要虚静，要"涤除玄鉴"，要"致虚极，守静笃"，从而与万物归一。"天得一以清，地得一以宁，神得一以灵，谷得一以盈，万物得一以生，侯王得一以为天下贞。"（《道德经》第三十九章）主体心灵正是通过虚静，方能与物为一，与物为春。这一点，后来为庄子所发挥。

　　道家的第二宗师庄子沿着老子的思想向前发展，又兼取了其他流派的思想。他的根本思想就是个体的人要超越有限形体的局限，超越现实世界的局限，以自然大化为师，消除物我对立，在物我同一中追求人的精神自由，使人的生命在精神上得以无限拓展，在瞬刻进入永恒的境界。他继承老子"天地不仁，以万物为刍狗"的看法，认为人类社会要复归自然，不能"以物易其性"（《庄子·骈拇》）、"丧己于物"（《庄子·缮性》）、"危生弃身以殉物"（《庄子·寓言》）。要以自然大化为师，"齑万物而不为义，泽及万世而不为仁，长于上古而不为老，覆载天地刻雕众形而不为巧"（《庄子·大宗师》）。根据这种思想，他将对对象体悟的过程，视为由感官知觉到以心合心，最终以气合气的过程。这就是所谓"以神遇，不以目视""身与物化""游心于物之初""无听之以耳而听之以心，无听之以心而听之以气"（《庄子·人间世》）等所反复强调的，所谓梓庆削木为鐻，乃以天合天。庄生梦蝶，则与物为一。在这个过程中，主体必须虚静，惟其虚静，方能体悟到天地万物的生命精神。《庄子·天道》云："万物无足以挠心者，故静也。""水静犹明，而况精神！圣人之心静乎，天地之鉴也，万物之镜也。"庄子认为虚静是心斋、坐忘的结果。即不受物质形体、机心的束缚，以心相照，由忘我、真我而回归天地，与天为徒。以人的自然本性与宇宙生命精神合一，使主体有限的生命得以解放，从而乘物以游心。在这个过程中，主体以澄澈的心境映照万物，而体悟到永恒的生命精神，进而将自身的精神境界扩展到整个宇宙，进入"天地与我并生，万物与我为一"（《庄子·齐物论》）、"独与天地精神往来"（《庄子·天下》）的自由境界。

先秦时代对后世审美理论有重大影响的，还有诸子百家对《易经》阐释发挥的《易传》。《易经》原为中国上古时代百科全书式的文化符号及其阐释，是古人通过仰观俯察，近取诸身、远取诸物，探求自然生成变化规律的。后来他们又将社会生活中具有典型意义的事例按照自然规律进行推衍、比附，并以此预测未来，《易经》遂为卜筮之书。其中对事物发展规律及人的主观能动性的看法，对儒、道、兵、法诸家均有深刻影响。《易传》则是先秦理性主义时期各家对《易经》的理解与发挥，在相当程度上摆脱了宗教巫术的束缚；以《易经》精华为基础，又反映了各家的一些基本思想，在特定意义上可以被看成先秦诸子思想的集大成。《易传》的美学思想主要包括天人合一思想、阴阳化生思想和立象尽意思想等。一是天人合一思想。《易传》认为"大人"与天地合德，与日月合明，与四时合序，将自然与社会和人事贯通起来，认为人的自强不息精神与天道行健是贯通的。作易的目的在于通神明之德，类万物之情。二是阴阳化生的生命意识。"易"的本义即指化生规律。《易传》认为"天地之大德曰生""一阴一阳之谓道""一阖一辟谓之变"。三是"立象以尽意"，通过感性形象体现主体对对象的体悟及其理想，对艺术作品的意象有直接影响，对审美意象问题有相当启发。其他如日往月来、寒暑相推的生命节奏，阳刚阴柔的审美对象的风格，风行水上、自然成文的自然美等，乃是上述三个方面的进一步展开。其后两千多年的审美理论，都深刻地体现着《易传》的这三个基本思想。

秦汉时期有两位思想家集众多宾客，兼收并蓄，将各家学说加以融会贯通，杂成巨著。这就是《吕氏春秋》的主编吕不韦和《淮南子》的主编刘安，他们被《汉书·艺文志》称为杂家。《吕氏春秋》在意识形态上反映了秦朝的一统原则，以儒家思想为主，兼融了道、墨思想以调剂互补，与当时秦始皇的尚法策略迥异。《吕氏春秋·大乐》曰："太一出两仪，两仪出阴阳。阴阳变化，一上一下，合而成章。"大乐反映阴阳化生规律，"天地之和，阴阳之调也"。并主张"适音"，即音乐的中和，大小轻重之衷，"声出于和，和出于适"。审美时，主体还需要特定的心态，"耳之情欲声，心弗乐，五音在前弗听；目之情欲色，心弗乐，五色在前弗视"（《吕氏春秋·适音》）。目的在于以声色养性，要"耳听之必慊（愉快）""目视之必慊"。另外，《吕氏春秋》还认为乐生人心，并反映出治世、乱世等不同的社会生活。这些看法，与儒道两家包括《乐记》等基本相同。《吕氏春秋》独创无多，只是对前人思想进一步作了阐释，但它使大批思想文献得以保存，成了先秦和汉代思想发展的中介。

《淮南子》在意识形态上反映了汉初无为而治的黄老思想的国策，以道家思想为主，崇尚自然。但又与原始道家不同，它吸收了儒家等有关思想，其中还包括以适应自然规律的方式对社会规律的能动适应等思想。它继承先秦五行相生相克的和谐思想，提倡杂多统一，异声而和。并因主导作用而得以贯串："故音者，宫立而五音形矣；味者，甘立而五味亭矣；色者，白立而五色成矣。"（《淮南子·原道训》）从中可以生出变化万端的审美对象来："音之数不过五，而五音之变不可胜听也；……色之数不过五，而五色之美不可胜观也。"《淮南子·说林训》又曰："佳人不同体，美人不同面，而皆悦于目。"它还提倡主体必须有一定的审美修养："六律具存而莫能听者，无师旷之耳也。"（《淮南子·泰族训》）而《淮南子》的最大贡献还在于对形神问题的论述。形神范畴始于先秦。管子、庄子等以阴阳关系释形神，荀子则以形神释人："形具而神生，好恶、喜怒、哀乐臧焉。"到《淮南子》，则以气为生命本体，以形为生命外壳，神在其中起主导作用。它还强调绘画必须以形传神："画西施之面，美而不可说；规孟贲之目，大而不可畏；君形者亡焉。"（《淮南子·说山训》）并且继承庄子的观点，强调精神的相对独立性，以超越时空，寻求自由。《淮南子·俶真训》："身处江海之中，而神游乎魏阙之下。"这些，对后世的文艺思想产生了重要影响。

汉代董仲舒，则提倡以儒家为主，杂取阴阳五行诸学术形成自己的天人感应体系，并使汉代从此走向"罢黜百家，独尊儒术"的时代。他以自然秩序贯通社会秩序，以水火木金土五行配仁义礼智信五常，颇多牵强之处；以人格化的天神作主宰，是一种神学目的论。在这种天人关系中，董仲舒赋予了天以人道的精神，将天人格化，强调人与万物的同类相动："气同则会，声比则应。"（《春秋繁露·同类相动》）将天覆育万物，化而生之，养而成之，功成而不居、周而复始的状况视为天地之仁，以此使人与天地精神相合，这对后世研究审美的思维方式有一定的影响。

二、魏晋至唐——发展变化期

魏晋六朝时代是人的自我意识觉醒的时代，也是审美意识自觉的时代。人们进一步深化了对自然山水的情怀，并在此基础上使山水诗画得到了长足的发展。情感在审美心态中的地位得到了足够的重视。他们还注重评品人物的仪容和人生境界，从生命意识的角度以形神、风骨、气韵等范畴对人物仪容进行评价，倡导放达和超脱的人生态度。艺术作品从创作到鉴赏等方面一系列的审美范畴，如神思、风骨、滋味等，在此时被提出和阐述。至此，中国古代的审美理论系统得到了初步奠定。

魏晋玄学对当时的审美意识的理论化、系统化起到了积极的推动作用。魏晋的社会现实促使人们在朝不保夕的生存环境中从有限追求无限，从感性生命的有限寻求精神上的无限。在此基础上，玄学的有无之辩、言象意之辩、形神论等对审美关系和审美意象的本体论思考，对艺术作品及其价值和目的的思考，产生了积极的影响。而名教与自然问题的讨论，则使人们对审美问题的看法更进一步从经学传统中超脱出来。到了东晋，东渐的佛学通过与玄学的碰撞和相互渗透，渐渐地影响到审美理论。当时由于佛学对整个社会和人们的文化生活产生了广泛的影响，佛学对形神、言象意等问题的看法又与本土文化中的思考有相通之处，故佛学的融入对这些思考起到了推动和深化作用。所以慧远的形神论、僧肇的"象外之谈"等,均对此后的中国古代美学理论产生了相当的影响。僧肇的妙悟、竺道生的顿悟等说,使得老庄的类似看法趋于明确和系统,并在后世的审美观照和艺术理论中得到发挥。

主体从对礼义的重视转到对人心的重视,是魏晋六朝时代审美意识转变的关键。这首先体现在对人自身的审美境界的追求上。从中强调了对独立人格和个性特征的重视。魏晋人倡导追求旷达、超越的自由的人生境界。这是一种超尘绝俗的理想追求。刘义庆《世说新语》扬弃了刘劭《人物志》及其前人从天命贵贱看骨相和重视以道德修养评人伦的看法,而继承了他们对仪容、风度、言语、形神、气质和性情的相关评论,这就将人物品藻由宗教的、伦理的转向了审美的。同时,《世说新语》还突出了在体自然之道基础上的个体生存价值,并以感性的语言描述,把读者导向直觉的体验与领悟,乃至将人生境界与自然景致贯通起来,以自然神韵比况人的性格气度。这种从生命意识角度对主体风度的品评,形成了一系列的重要观念,如风骨、气韵、形神、筋、肌、血、肉,等等,对后代的艺术境界的鉴赏产生了重要的影响,促成了魏晋六朝时期文艺理论体系的建立。

与个性解放相应的是,魏晋六朝时代山水自然的怡情悦性也得到了重视。汉代统治阶级倡导和推行的儒家礼义,因政治权威的削弱而瓦解,老庄影响下的玄学之风因对个体感性生命生存的重视,而日渐对山水自然的审美意识逐步自觉并得以发扬光大。人们从山水自身寻求与情感的沟通,由此进入沉醉境界而流连忘返。那种玄远幽深的哲学意蕴,那种绚烂琼绝的宇宙意识,让人在与自然浑然为一的状态中实现自我神超形越。中国艺术中物态人情化、人情物态化的审美思维方式的自觉意识,正是在这个时代才在比兴原则的基础上进一步获得清醒的认识的。

魏晋六朝对美学理论的贡献突出表现在艺术理论中。这是一个对艺术问题自觉思考的系统理论蔚为大备的时代。曹丕继承《易经》、孟子的看法提出的文气问题,影响到后来对艺术刚柔风格的评价。陆机对主体想象力和灵感的描述,以及对审美体验和法度与创造力关系的看法,对后世均有一定的启发作用。阮籍将自然之道与艺术创造贯通起来,在艺术创造问题上进一步深化了天人合一思想。孙绰、宗炳、王微的山水畅神思想,对于审美价值的独立意识,起着推动作用。刘勰将自然之道与艺术法则沟通起来,阐述文学发展的通变观、心物关系以及主体情感的重要价值、艺术风格等问题,并与沈约等人倡导声律说,建立了中国第一个系统的文学理论体系。顾恺之在形神问题上所提出的"以形写神""迁想妙得",对艺术创造也有相当的影响。

魏晋六朝的审美理论到了唐代发生了全面的影响。初唐、盛唐时期因国力强盛,经济发达,对外贸易的不断扩展,外来文化的不断刺激,文学艺术获得了空前的繁荣。

唐代艺术的繁荣首先得益于外来文化的刺激。早在北朝时期,北方的匈奴、羯、鲜卑、氐、羌五个边远部族进入中原,由于文明的差异,他们的迁入对中原固有文化具有一定的破坏作用。但同时又将那浑朴雄劲、戈壁风沙的气息带入了中原。后来陈子昂、李白等人以复古为旗号涤荡晋宋绮靡之风,乃至一批大漠雄风的边塞诗文的出现,多少受到北朝的影响。在此基础上,周边民族的融入，以及由此使得西域的乐舞传入，并与中原古乐、江南丝竹和民歌相融合，形成了唐代文化的新风貌、新格局。

佛学对本土文化的影响也在此时得以全面推进。佛学自汉传入，东晋始盛；传入之初主要是以固有文化为背景转译佛经，至北朝经隋代，中国特色的佛学才体系大备，蔚为壮观，形成多种宗派。它们与中国传统文化融会贯通，形成中国式的独特思想体系并对中国文化产生重大影响。禅宗的渐修顿悟、皎然的意境等，均丰富了中国古代审美心态的理论。

与唐代的艺术繁荣相比，在对前代的理论继承方面，唐代则显得相对贫弱。韩愈的原道论要复兴儒家道统，倡导以人生的修养成就人生，与道佛思想相抗衡，体现了一种理想主义的人文精神。其中，韩愈继承孟子养气说的人生修养思想以及不平则鸣的艺术精神的追求，都是儒家精神的直接发挥。而白居易继承儒家诗教传统，提出泄导人情，从生命意识取譬，认为诗歌当"根情、苗言、华声、实义"（《与元九书》），对于艺术的审美特征的探求，有一定的积极影响。

与此相对应的是，在文学艺术中，陈子昂倡导汉魏风骨，强调兴寄和风雅。李白提倡古风，追求清新自然的艺术风格，重视风骨和兴寄。韩愈、柳宗元发起古文运动，以质朴、刚健的古文文风反对六朝以来的形式主义以形寄义的文风。柳宗元还强调诗文的舒泄自释作用。他们把艺术看成是实现人生价值的重要途径。要以自然灵气，达人之情性，以感动人心。其中，有人更强调个性情感的抒发，如李白；有人更侧重社会情感的表现，如杜甫。他们都在总体情调上体现了豪迈的气概，反映了充满自信、富有爱国情调的时代精神。

到中晚唐以后，随着社会的日渐衰弱，儒家道统思想也日益衰微，取而代之的是道家以及与道家思想相通的佛家思想的影响。司空图所倡导的高蹈超越的人生理想便是一个代表。他标举诗的味外之味、象外之象、景外之景。即通过"近而不浮，远而不尽"（《与李生论诗书》）的意象加以呈现，并以王维、韦应物的诗为艺术典范。

唐代的艺术是中国古典艺术的高峰，是唐代社会发展的脉络和审美趣尚的折射。上古以来的艺术追求和审美意识至此已得以充分地发挥和集大成。而外来文化的影响又给它注入了崭新的活力。宋代以后对前代在理论上给予了更深刻、更系统的总结。在艺术实践上，宋代除了诗、文的余波外，词获得了充分的发展并着重发展了小说、戏剧艺术，使得审美趣尚发生了较为重要的转折。尽管这些艺术门类在艺术精神上、审美情调上与唐以前依然有继承贯通之处，但随着工商业和市民阶层的兴起，其审美理想也发生了变革。

三、宋金元——转型成熟期

唐末五代动乱的政局使固有的社会道德观念被动摇了。赵宋政权为了整顿社会秩序，要恢复传统美德和伦理纲常，宋代理学正是在此背景下形成的一套理论体系。与汉代经学相比，理学更注意用日常生活哲理印证阴阳和义理。与唐代中晚期侧重于佛道相比，宋代理学继承了韩愈的道统说和性情论思想。宋初胡瑗、孙复、石介三先生以儒家伦理思想为主导，到周程张邵五子时，又汇通道佛，实现了三教同源。而其思想体系的总体框架，仍是以中国早期阴阳化生观为出发点，将自然道德与社会道德明确贯通起来，尤其突出了主体感悟能力的作用，由"寂然不动"到"感而遂通"，强调心与宇宙的贯通，从习见的鸢飞鱼跃中悟道，并使得审美观念中的生命意识得以明确而系统的展开。因此，宋代理学虽有将儒家思想教条化，强调"存天理，灭人欲"的一面，而在大量艺术创作与鉴赏的心理特征的分析中又有着许多审美心理的思想，既继承了前人的相关看法，又给后人以很多启示。而许多文学家、艺术家的相关言论，与理学家审美心理和文艺心理思想在总体上也是合拍的。

周敦颐的《太极图说》将阴阳与五行贯通起来，说明万物生成规律。对后代艺术中的生命意识有一定启示。在人生境界上，则寻求孔颜乐处的胜境，从人之本性的自性清静，不为世俗所染的角度追求孤风远操的节操。张载则从"太虚即气"的宇宙观出发，将阴阳二气的化合功能与人的刚柔气质功能沟通起来，认为天地之性与气质之性是统一的，自然法则与伦理要求是贯通的。他继承孟子"老吾老以及人之老，幼吾幼以及人之幼"的传统，提出"民胞物与"的推己及人、设身处地的思想，从而认为主体与天地合德、与万物同体，故"人本无心，因物为心"。他还注重寻求"充内形外"的崇高的人生境界，把天人合一的思想推向深入，对宋代理学产生了相当的影响。二程将天人合一思想归为心灵妙悟，通过悟而使心物合一，而思则是悟的前提。程颐说张旭学草书，见担夫与公主争道及公孙大娘舞剑，而后悟笔法，乃是"心常思念至此而感发",须是"思方有感悟处"。

宋代理学家对审美理论贡献最大的是朱熹。朱熹是宋代理学的集大成者。他的"理一分殊"的本体论对一本万殊的审美特质的理解有一定启示。所谓"枯槁有性论"认为枯槁有气质之性,这是一种人文看法,与审美的思维方式是统一的。而他在继承二程思想基础上所阐述的格物致知、穷理尽性、草木悟道等思想,在一定程度上也与审美的思维方式相通。

朱熹的心性论则从心理体验上发挥了《中庸》的性情论,以动静、已发未发阐释了性情体用关系。并通过身与心、人心与道心的关系进一步阐释了心统性情的心性论。在此基础上,他强调诗乐对人生境界的成就功能,主张借"养气之助"消融作为私意人欲的"查滓",使人心与天地同体。

陆九渊鉴于既有理学的弊端,便从孟子出发,力倡与朱熹理学迥异的心学。他将心源与宇宙本源统一起来,并以仁义为心之本,使社会性的仁义要求与天地规律获得贯通,提出即心即理的重要论断,认为道在心中。这在一定程度上与禅宗有相通之处。尤其是其明心见性的思想,与禅宗更为默契。从陆九渊开始的心学取代理学的倾向,到了明代得以全面展开,为明代摆脱理学桎梏、全面伸张人的个性铺平了道路。

宋代对于美学理论的贡献还在于对主体文艺心理的较为广泛而深入的阐释,以及从生命意识角度对艺术理想和艺术本体的进一步论述。宋代在艺术理论上的见解,主要在于针对时弊重申了前人的看法,具有现实的意义。如为了避免晚唐崇尚险怪和浮佻雕琢的风气,常以复古为旗号,力倡自然平易、劲健(文)或清秀（词）。艺术家们在风格上往往追求平淡与深远，使作品由淫巧转而以道贯之。苏轼的"胸有成竹"和神似问题，"不留于一物""神与万物交"问题，高风绝尘、外枯而中膏的风格问题，苏轼的山水养气问题；黄庭坚的"点铁成金"和"脱胎换骨"等艺术创造问题的看法；张戒的含蓄、蕴藉的韵味问题；荆浩《笔法记》对于绘画所提出的"气、韵、思、景、笔、墨"六要，"神、妙、奇、巧"四品，"筋、肉、骨、气"四势，等等，大都旧话重提。这些对于形成积极、清新的时尚有相当意义，而从理论的创新角度看，则鲜见无多。

较有特色的理论见解要算严羽的《沧浪诗话》。该书较为系统地提出了"以禅喻诗"的思想。以禅喻诗本是唐末和宋代习见的方法，而严羽的贡献乃在于从中概括了一些系统的艺术理论。如妙悟、审美意象中的镜花水月问题，以及理融于意象中的别材别趣等，并且从中强调了天然本色和整体气象等问题。

元代时期短暂，在思想史上缺乏独创。许衡在吴澄的理气、人性、道疏、天道和心性问题上，只是继承了宋代理学和心学的传统，试图作折中的调和，并最终倒向心学，对明代心学的发展起了一些作用。而郝经的《内游》则有一定的独特之处。《内游》突破了他从宋代理学家那里继承来的理法思想，主张主体通过内在心灵体验超越于有限的视听感受和时空局限，使神思游于六合之外。然后通过"洗心斋戒，退藏于密"，即超越世俗功利的虚静心态，使艺术构思发乎其外。言语间虽有偏激之处，却重视了主体心灵的能动作用，对明代强调个性解放、注重审美心理的探讨，有一定的积极意义。

四、明清——丰富总结期

明初统治者为了确立统治秩序，以孔孟为宗，奉程朱著作为经，以封建伦理道德秩序对人心进行约束。尽管如此，明代理论家对于宋代的理学和心学在继承过程中并非徒守记诵，而是通过体认有所阐发和伸张。明初宋濂以天地之心为万物生机的主宰，同时又认为吾心为天下最大，并从功能角度认为吾心不是肉体，而是"视之无形，听之无声，探之不见"的道体所在，为天地之镜。其中调和了理学与心学，融合了道家的观点，更接近于心学。他把吾身之心视为天下至宝，要求天人冥合，并把儒家的存心养性与佛家的明心见性统一起来，从而倡导内心的冥悟。后来的几位学者，大都循着这种思路治学。陈献章江门心学以自然为宗，认为"心具万理万物"，最终确立"天地我立，万化我出"的原则。湛若水则进一步强调心物统一，以体认宇宙万物。到王守仁心学，更是公开与程朱理学诘辩，建立了心学体系。他更多从禅学中汲取营养，认为心与身应统一而看，并以心之本性为性，将心视为本性功能与道德功能的统一。在艺术上，他强调歌诗创作鉴赏过程中对身心的泄导感化功能。沿此而下，王廷相则以气本体论反对功能本体论，从中体现出生命意识，并受禅学影响，以镜花水月论述意象及其生动性问题。刘宗周则在此基础上进一步阐释了心性的统一，并以此为基础去阐释人性的本源及内涵。这些都是对王守仁心学的发展。到王夫之，则反对心学中的人心主静说，提倡动为主导，他的动静化合、变化日新的思想，继承《周易》，并被运用到艺术批评之中。他反对理学家以理约束人的行动，这与个性解放的时代精神吻合。

与明代心学相呼应，在文学艺术理论上，明代前后七子以复古为口号，强调兴寄，反对宋人以议论为诗的非审美倾向。唐宋派文人强调直抒胸臆，提倡本色自然，并遗貌取神，注重作品的内在生命力。到明代后期，随着市民文化的兴起，个性解放思潮汹涌澎湃。徐渭倡导本色与自然，对戏曲、小说给予了相当的重视，理学受到了根本性的冲击，文学主张充满了清新浪漫的情调。李贽以人为本，强调发乎情性，由乎自然，要求艺术家具有绝假纯真的童心。汤显祖则从戏曲的角度，提倡文以意趣为主，强调性灵、灵气、气机。公安派的袁氏三兄弟，则要求作品有自家本色，反对为格套所拘，反对复古，崇尚个性和时代精神的表现，强调艺术作品要有自然之趣。

明代审美思想早期虽有以理节情的一面，后期的艺术实践也有对人欲横流津津乐道的一面，但其整体趋向，乃是引发了个性伸张和审美趣味的市民化倾向，这使得经典的审美理论受到了一次冲击和震撼。到清代，审美趣味虽有回归倾向，但市民文化对于整个社会心理的渗透已经一发而不可挡了。

清代在从哲学思想上对古典审美理论的继承方面已经贡献寥寥了。只有戴震还作了一些探讨。他以阴阳五行为道，以气化运动、生生不息为道之用，即性的表现。而以血气为心动之本，把欲、情、知看成人性表现的三个方面，并通过文化而造就。王夫之在艺术语言表现的审美特征和情景关系（物我审美关系）上提出了一些独到的见解。清代在小说戏曲理论方面，比起明代来，有更多的探讨。特别是金圣叹的艺术典型理论，从性情气质谈论艺术形象的塑造。叶燮则在继承性的基础上提出了文学发展论思想。从生命意识的角度对艺术的阐述也得到了全面展开，如王士禛的神韵说、翁方纲的肌理说、袁枚的性灵说、刘大櫆的神气说和音节说等说法。姚鼐的阳刚阴柔之美，是古典审美风格范畴的一个总结。诗学理论中的许多范畴这时被移植运用到词学批评中。周济的"寄托盛衰"观是其中的一种独到见解；王国维的境界说，则把艺术与人生境界联系起来，把造境与写境联系起来，把入乎其内和出乎其外联系起来，并提出三层境界的理论，将传统对意境问题的看法上升到新的高度。

第三节 中国古代美学思想的现代性

中国古代美学思想是中国人对自身数千年审美实践的概括和总结，其中包含着许多精辟、独创的见解，理应得到我们自身和世界的重视。其中的许多思想在现代社会依然值得我们继承和发展。中国古代美学思想独特的系统和概念在现代依然有着强大的生命力，有着可以为当下中外美学所借鉴和利用的资源。诸如立象尽意的意象象征、默而知之的虚静体验等，都是值得我们加以继承和发展的。中国古代美学自身，也包含着现代性因子。德裔美国学者鲁道夫·阿恩海姆对中国画论的相关论述虽然存在着误读的情形，但他说，"这些古代东方思想一直保持着活力"，"它们听上去还相当现代"，[1] 这是值得我们思考的。中国古代美学的现代性因子是我们自主创新的基础。

---

[1] 鲁道夫·阿恩海姆：《中国古代美学与它的现代性》，徐亚莉译，《中国哲学史》1998年第3期。

一、中国古代美学思想的现代性特征

中国古代美学具有走向现代的因子。中国古代美学研究的当下语境和现代汉语的表述方式积极地推动了中国古代美学的现代性。现代汉语在继承宋代以来日常口语的基础上,特别是五四新文化运动以来在学习西方语言的基础上在学术表述上有着明显的进步。但是另一方面我们不得不说,中国古代美学思想中一些范畴和思想的精微与奥妙在现代汉语中未能得到准确的传达和继承。例如气、势、几、微等范畴,都是现代汉语语境难以言传的,需要我们进一步深入探索这些语义的现代传达。中国古代美学思想的积淀,是美学理论形成的资源;准确理解和合理发掘其现代价值,是构建中国现代学术体系的重要方面。中国古代美学思想的现代性特征,是在学习西方美学观念和方法、适应当代审美实践、保留自身特点的基础上形成的,符合全球化时代审美实践和理论建构的需要。中国古代美学理论的建构是以美学思想史为基础的。它具体表现为独创性、开放性、与时俱进和面向世界等特征。

中国古代美学的现代性追求一种独创性。我们研究中国古代美学,需要揭示出中国古代美学中具有独创性的、在当代依然具有普遍价值的东西。因此,我们要重视中国古代美学的独特个性。中国古代美学强调艺术的审美欣赏乃是欣赏者与创作者、欣赏者与欣赏者之间的对话与交流。这种对话与交流一要以共同的审美趣味为前提,二要以文本为基础。中国古代美学思想还强调世界对主体的感发,主体对世界的感应与共鸣。这与西方古代美学是截然不同的。宗白华说:"中国的艺术与美学理论也自有它伟大独立的精神意义。所以中国的画学对将来的世界美学自有它特殊重要的贡献。"[1]中国现代美学虽然在早期有明显的移植西方美学的特点,但是一经继承中国古代美学的发展,就有了自身的特征。中国现代美学从引进、借鉴西方美学到在继承传统的基础上自主创新,在新的历史时期加以发扬光大,其中就包含着中国古代美学的独创性。

中国古代美学的现代性追求一种开放性。我们对中国古代美学的研究和再发现不可能是原汁原味的、博物馆陈列式的,而是在阐释中必然地运用到西方美学的范畴、观点和方法,必然要在贯通中西的视域中去审视中国古代美学。尤其要通过西方美学的镜子,厘清中国古代美学的独特之处。要把古代美学资源放在现代背景下,放在全球化视野下发挥作用,审视其价值,用外来思想和时代精神激活中国古代美学中的内在生命。要在继承传统的基础上,体现出全球化时代的普遍可接受性,以便于当下的理解。研究中国古代美学要着力开掘可与世界美学交流对话的内容,以中国古代美学资源为基础对外来思想进行审视、消化和吸收;两者交流本身,也会翕辟成变,产生新的思想,拓展新的思路。这种开放性不仅有利于通过交流与对话学习西方提升自己,也有助于以自身的特点影响世界美学。

中国古代美学的现代性体现着与时俱进的特征。中国古代的审美实践与理论研究,既是相对独立的,又是在中外交流的基础

---

[1]《宗白华全集》,第二卷,安徽教育出版社2008年版,第43页。

上发展起来的。现代性本身是一个流动的范畴。美学学科的建立和发展及其在现代中国的发生、发展，都包含着现代性成分。中国古代美学资源的取舍和运用，必然受到现代性的影响和制约。中国古代美学的历史进程本身是动态发展的，是趋于现代的。汉唐通过与西域及外部的交流，积极推动了本土美学不断地焕发生机与活力。明代以降的个性觉醒与解放，本身就昭示着超越封建、走向现代的轨迹。近百年来在大量学习和借鉴西方美学的基础上反思和整理中国古代的审美意识与美学思想，本身就带有现代性视角，使得中国美学在继承古典美学的基础上走向现代。因此，探讨中国古代美学的现代性，需要我们根据中国古代美学的具体实际，以新视角和新方法研究中国古代美学思想，深入挖掘中国古代美学的深刻内涵，把中国美学上升到美学学科应有的理论高度。我们今天对中国古代美学的挖掘和整理、审视和评价，离不开当下的历史境遇和时代要求。如果我们还是仅仅停留在简单的引进，或王国维时代的比附研究阶段，漠视近百年来的中国美学研究进程，显然是不当的。

当下的中国美学思想研究有它的现代性问题。现代性也是中国美学继承传统、面对当下和走向世界的桥梁。无论中西，古代都没有专门的美学思想史，也没有专门的美学理论著作。所谓中国古代美学思想是我们站在现代美学的角度，对中国古代美学资源和遗产进行归纳和整理的成果，是与现实需求相统一的现代性阐释，因而完全没有学科的立场和当代意识是不可能的。尊重历史事实与体现当代意识是有机统一的。我们对美学学科的理解要坚持客观性与主导性的统一，彰显中国古代美学思想的独特性。

如何利用现代性眼光审视中国古代美学思想资源，是当下研究中国美学思想史的关键。

二、中国古代美学思想的现代性价值

中国美学思想研究需要尊重中国古代美学思想资源本身的准确内涵，借助现代汉语合理阐释和重构古代美学思想，而不是简单的借题发挥。我们现在讲重构，重在强调在建设过程当中体现时代的高度，使其理论形态能够与时俱进。我们不仅要对中国古代美学思想有宏观、整体的把握，还要有微观、具体的研究，体现当下中国美学思想中对具体问题研究的最新成就。我们需要具有前瞻性，要站在美学思想史研究的前沿，并与美学思想史的研究群体对话，而不是自说自话。

当然，我们也不能因为中国古代美学思想中有优秀的传统，有值得继承和发扬光大的成分，就无限夸大其内容，或者固守中国古代美学中僵死的教条。我们不能抱残守缺，不能夜郎自大、做井底之蛙，肆意夸大中国古代美学思想的作用。我们既要尊重中国古代美学的历史事实，又要跳出古代的窠臼，以现代性眼光整理中国古代美学遗产。陈寅恪在《冯友兰〈中国哲学史〉（下册）审查报告》中曾说：

> 其真能于思想上自成系统，有所创获者，必须一方面吸收输入外来之学说，一方面不忘本来民族之地位。此二种相反而适相成之态度，乃道教之真精神，新儒家之旧途径，而

二千年吾民族与其他民族思想接触史之所昭示者也。[1]

这种态度也同样适用于中国古代美学的现代继承与发展。中国古代美学资源在学科形态上、研究方法上确有诸多的不足,我们不必也不应该讳言,更不应该肆意夸大中国古代美学资源的价值。我们应当客观对待其中的生机和活力,客观地对待这批遗产。

中国古代美学的现代性,是在借鉴西方美学观念和方法的基础上逐步形成的。我们需要揭示中国古代美学思想资源的独特价值,从适应时代的角度对其进行整合,为当下中国和世界贡献独特的美学思想,使中西美学同质辉映,异质互补。中国古代美学的研究在与西方美学的交流对话中,探讨向世界呈现和被世界接受的方式,共同推动世界美学的现代化进程。中国古代美学和审美创造的整体性和体验性等特征,包含着人类活动的普遍规律,乃至包含着西方美学思想中一些未能总结到的规律,值得继承和发扬光大。而中国古代美学研究的当下语境和现代汉语的表述方式积极地推动了中国古代美学的现代性。

中国古代美学思想研究的现代性追求,应当学习和借鉴西方美学的观念和方法,与中国当下的审美实践和美学理论探索紧密结合。历经近百年来数代学者的努力,我们已经积累了丰富的经验,但中国古代美学的现代性依然是我们今后相当长的时间内努力的方向。学者们在古今、中西的对话和会通中寻求现代转型。

---

[1] 冯友兰:《〈中国哲学史〉审查报告三》,商务印书馆1934年版,第4页。

中国古代美学的现代性研究本身就包含着古今对话,而借鉴西方美学的理论和方法研究中国古代美学又包含着中西对话。这种古今、中西对话,有力地推动了中国古代美学思想的精华走向现代,走向世界,从而充满生机和活力。另外值得注意的是,西方学者对中国古代美学资源的研究与中国学者对中国古代美学资源的研究,在选取的内容、研究的视角和方法等方面都会存在一定的差异,与国内的学者存在一定的互补性,需要相互交流,共同推动中国古代美学的现代性追求。

中国古代美学的创新弘扬,面临着如何超越以古释古、落实古今衔接的现实挑战。中国古代美学思想及其范畴作为古代思想资源,不能只是消极被动地适应当下的美学语境和审美氛围,我们要在当下语境中激活相关的思想和范畴。我们既要打通古今,使古代美学思想在借鉴当代美学思想的基础上得以阐释,使当代美学思想在借鉴古代美学传统的基础上得以发展,并通过互相借鉴和互相阐释,共同推进中国美学事业的发展。同时,我们也要超越西方中心主义的立场,超越当代实用主义的狭隘需求。我们要切实地保护好、传承好作为人类文明遗产的中国古代美学思想资源,把它们真正放到全球化视野中,放在当下语境和审美实践中去理解和激活,重视中国古代美学生存、创新和传播的生态环境,使其中真正有活力的成分走进当下,融入世界。所以,我们要为这些古代美学思想在当下落地生根,乃至外译传播积极地创造条件,作出努力,以保持优秀古代美学思想的活力和价值。

当然,重视中国古代美学的当代传承与弘扬,也并不意味着自我封闭。我们充分肯定西学东渐在打开国门、学习西方美学过程中的重要意义。我们要充分认识到古今西方美学的丰富性，充分认识到西方学术规范和方法论的价值，充分认识到马克思主义美学及其在中国发展的成就和特点，并高度重视概括和总结当代的审美实践。此外，一百多年来，几代美学家在学习西方美学思想及其方法的基础上，对中国古代美学思想进行了整理和阐发，其中一些失败的尝试，也给我们积累了宝贵的经验和教训，这些经验和教训都值得我们重视。因此，我们不能因噎废食，而需要继续认真学习西方美学的学科化特点，在中西参证中借鉴西方的方法来对中国古代美学资源进行阐释。

我们应当明白，中国古代美学思想在世界的弘扬传播，不能仅仅依靠中国学者单方面积极主动的努力，也不能仅仅依靠西方少数汉学家的努力，更需要整个世界对中华文明有一个正确的认识和态度。全球学术界需要真正放弃对中华文明的成见与偏见，在全球视野下充分认识到中华民族数千年的文明积累对于人类发展的价值和意义。而中国今后持续稳定的经济和社会的发展，则有助于西方社会消除对中国的偏见与隔阂，正视中华文明包括中国古代美学思想的价值和意义，在此基础上，努力地、创造性地理解和接受作为不同文明形态的中华文化的思想精髓及其思维方式。重视世界文明的多样性，真正实现中西美学思想的多样存在和对话，才能有利于世界文明的推进和发展。从技术层面上说，用英语、法语、德语等世界各国语言把中华文明说清楚，是一项艰巨的工作；而从长远意义来看，努力弘扬传播好中华文明，吸收中国古代美学的精髓，乃至在某种程度上改变人们的思维方式，是全人类的福祉。因此，我们需要认真探究中国古代美学思想文献在当代的传播和接受,这不仅有利于在当代语境下对中国古代美学思想的激活,而且有利于中国古代美学走向世界前沿,也有利于中国美学传统与现代之间的完美契合。

三、中国美学现代性与西方美学的关系

讨论中国古代美学的现代性离不开中国美学和西方美学的关系问题。众所周知,中国古代本没有美学学科,20世纪以来的中国古代美学研究,是几代学人站在各自时代的立场上,根据现代美学的学科特征进行的探索和整理。中国现代美学是通过借鉴和学习西方美学建立起来的,其学术形态、研究方法和学术语言也更多地学习和借鉴了西方美学,尤其受到了西方现代美学的影响;也是适应现代审美实践的需要进行研究的。因此,我们讨论中国古代美学和中国古代美学的现代性,离不开作为现代美学范本和以全球化为主要背景的西方美学。

中国现代形态的美学,是近百年来在不断学习西方美学的基础上建立起来的,其中无疑体现着现代性特征。但是这种学习不应该只是一种简单的移植和引进。中国古代美学历经数千年的历史演进和变迁,自身是有着强大生命力的。其中很多有价值的闪光思想,值得我们发扬光大。这就需要我们站在现代性的立场上对中国古代美学加以审视、判断和继承。研究和继承中国传统的美学思想与学习、借鉴和研究西方美学之间并不矛盾。我们不能因为学习西方美学还不够,就不去继承传统了。各种反对继承古代美学的说辞是不妥的,继承古代美学思想并不妨碍学习西方美学。几乎从一百多年前美学学科传入中国的时候开始,一些具有战略眼光的美学先辈，如蔡元培、王国维、朱光潜、宗白华等人就结合中国历代文艺作品和古代美学思想的实际，对西方美学进行参证，进行消化和吸收。我们今天讨论中国古代美学的现代性，需要学习他们的经验并深刻反思他们的教训。

中国现代美学早期曾经套用西方美学理论，进行比附研究，以西释中。这在特定的历史时期是必要的，是寻求中国古代美学现代化的一种途径，是有一定的价值的，但是其中有不少主观臆断的情形。例如王国维用叔本华的悲剧观解释《红楼梦》，其中也多少有一些牵强附会的成分。他甚至把宝玉的"玉"与"欲望"扯在一起，简直风马牛不相及。我们反对简单地将中国古代美学思想比附于西方理论，取同弃异；杜绝将西方美学简单机械地移植过来的情形。当下，我们需要揭示中国古代美学思想资源的独特价值，为世界美学贡献独特的美学思想；应当在借鉴西方美学思想和方法的基础上，从适应时代的角度对中国古代美学思想资源进行整合。

西方美学的新观念、新方法为中国古代美学灌注了新的血液，使之获得了生命活力。中国古代美学研究需要借鉴西方美学的观念和方法，但不是对西方美学的简单移植和比附，而应当根据中国古代美学研究自身的内在要求，并且与中国传统文化的现代性整体进程息息相通，从而揭示出中华文明现代性的独特特征。

中国当代的美学学科体系建设，必然要重视中国古代美学的资源和独到思想，有寻根，有反思，而不能只是西方美学学科体系的简单移植。佛学思想曾经对中国思想产生了广泛而深远的影响,但是当时我们并没有罢黜百家,独尊佛学。学习和研究佛学,与继承儒、道传统思想并不矛盾,与古人立足当下的思想创新也不矛盾。同样,研究中国古代美学,不能简单地将中国古代美学资源作为西方美学思想的注脚,更不能将中国古代的精辟思想作为西方现代思想的注脚,混乱时空,颠倒源流。同时,学习西方美学也不能盲目跟风。

中国古代美学在对待西方美学的态度上,要以共识推进深化,以特性促成互补。在研究中国古代美学的过程中,参照西方的理论框架和学术形态是必要的。但更进一步的目标则是中西会通。会通不是简单的"依傍",而是通过对话进行"交流"。中西美学的相通可以互证的内容,有助于我们深入理解相关思想,有着重要的意义,会通本身有助于思想的深化。但中国美学必须具有独创性思想,对世界美学有独特的贡献,与西方美学和而不同,其重点在于求异,把真正的独到的内容揭示出来,推动中国古代美学资源的现代阐释,共同促进世界美学的多样性和丰富性。中西差异可以互补,中国古代美学思想会因其独创性而更值得被重视。因此,中国古代美学思想的思维方式和表达方式虽然有着种种的不足,但其中依然有着值得继承的部分,我们应当重视把中国古代美学的独特贡献融汇到世界美学的洪流中。

中国古代美学的现代研究,可以补充当代西方美学。现代新儒学援西入儒的探索,积累了宝贵的经验,所谓同质辉映,异质互补。我们需要深度开掘中国传统资源,参照西方,强调逻辑性和科学性,对中国古代美学资源加以提炼,呈现到全球化视域中,实现中国古代美学的现代转换。

现代新儒家思想是在反对中国文化虚无主义，反对全盘西化的背景下产生的，对于我们重视宝贵的中国传统遗产有着重要的、积极的意义。20世纪二三十年代，新儒家思想在应对当时的全面西化和反传统的背景下产生和发展。新儒家思想家融会中西，援西入儒，弘扬传统，返本开新，面向未来，对中国古代美学话语进行了转化性创造，将中国古代美学思想中的心性、感通、拟容取心、生生之美等话语发扬光大。其中既反对西方中心主义观点，又反对故步自封的狭隘的民族主义学术观，如梁漱溟、张君劢等人借鉴柏格森思想激活传统，方东美、刘述先等人借鉴卡西尔文化哲学激活传统，以及牟宗三对康德的借鉴、唐君毅对黑格尔的借鉴，等等，都是在中西参证中弘扬和建构中国美学思想的话语系统。特别是第三代现代新儒家中的刘述先、成中英等人，从全球化的多元视野出发，推动中国文化和美学话语的现代转换。

在当今中国美学界，继承传统与借鉴西方是相辅相成、缺一不可的。对西方美学的吸收、借鉴和参照，立足当下审美实践的概括和总结，以及对传统的创造性的继承，三者是统一的。因此，我们继承古代美学思想，要让它们与西方美学对话，与当下的创新对话。这些融合古今中西的尝试和努力都是必要的，客观上也对中国古代美学的现代转型有益。我们要在继承传统的基础上，逐步建立起超越古今中外、融合古今中外、面向当下审美实践的美学理论体系，真正实现古今中西的对话和交流。现代性本身是中国美学发展历程中的一个阶段，并最终导向未来。因此，中国美学现代性的传统，就是继承传统，借鉴外来文明和关注当下的传统，积极顺应世界对中国美学的需要。

四、中国古代美学的现代呈现方式

中国古代美学的研究必将探讨如何向世界呈现，如何被世界接受等问题，这是当代中国古代美学研究的重要话题。中国古代美学的精华，可以与西方美学的交流对话中，共同推动世界美学的现代化进程。宗白华说：

> 我们现在对于中国精神文化的责任，就是一方面保存中国旧文化中不可磨灭的伟大庄严的精神，发挥而重光之，一方面吸取西方新文化的菁华渗合融化，在这东西两种文化总汇基础之上建造一种更高尚更灿烂的新精神文化……[1]

这当然是他当时的理想。我们应当在对西方美学的接受、融合中整理中国古代美学，把中国古代美学的精粹拓展到国际美学话语的舞台上，要具有普遍可接受性的话语表述方式，要对中国古代美学资源进行现代阐释，顾及当下语境，尤其是西方语境中的可接受性。因此，对中国古代美学的把握和整理需要西方的范式。中国美学必须拥有现代学术形态，必须借鉴西方美学方法。中国古代美学的现代研究和创新，必须与世界美学可对话，可交流，可接纳。要立足于现代已有的知识系统，至少在目前不可能另搞一个知识系统。然而，这并不影响我们在继承传统的基础上

---

[1]《宗白华全集》，第一卷，安徽教育出版社2008年版，第102页。

的创新和贡献，这种创新贡献可以融汇到世界美学的整体中去。

目前，随着中国古代美学研究的不断深入，随着当代美学理论建设的深入拓展，中国古代美学思想的创新弘扬问题显得尤为重要。这里所说的创新弘扬，首先是激活中国古代有价值的美学思想资源，并对其加以阐释；其次是在全球化语境中对中国古代美学思想进行外译和传播，使之成为世界美学的有机组成部分。我们要让优秀的中国古代美学资源成为当代美学思想的源头活水，成为中国当代美学思想的有机组成部分，乃至成为世界美学思想的有机组成部分。这不仅是对历代前贤美学思想的尊重与传承，而且能使我们在当下和全球语境下能够充分享有和利用这些优秀的传统。这不仅是中国人的福祉，更是全人类的福祉。因此，中国古代美学思想在当代中国的传承弘扬，乃至在当代世界的传承弘扬，是我们需要思考和解决的重要课题。

从现代性立场研究中国古代美学思想，是中国美学整体重要的有机组成部分，也是当下中国美学界的一个重要的方向，更是丰富和深化世界美学体系的必然要求。中国美学要在继承传统、借鉴西方和面对当下审美实践的基础上，扩大自己的话语权，为当今的世界美学作出更大的贡献。世界美学的格局是不会一成不变的，它将向前发展，与时俱进和不断转型，将呈现出多样性特征。世界美学的多元性需求，积极推动了中国美学的现代性探索。

中国古代美学思想中承载着丰富的审美经验，由这些经验归纳和总结出来的理论，乃至审美经验本身，值得中国当代美学和世界美学加以继承。中国传统的美学思想已植根于中华民族的生活方式之中，千百年来深刻地影响着我们的价值观念、审美趣味以及艺术心理。因而，对它们的继承与弘扬，是当代学人之使命所在。古代传统与当下发展的关系，是一种源与流的关系。譬如脍炙人口的唐诗宋词，在当下依然能让我们获得审美的享受；古代的戏曲小说和历史题材的文艺作品，可以在当代新媒体艺术中得以再现；古代的器物造型等可以为当下的设计提供启示和灵感；等等。

中国古代美学思想包含着启迪学者智慧、引领未来发展的思想资源。中国传统思想中有一个重要传统，就是"返本开新"。这也是我们继承和发扬民族传统的重要途径。我们应追溯中国古代美学的源头，切实把握其中有价值、有活力的资源，从而使当代美学别开生面。诸如我国古代天人合一的思想、和谐的宇宙观、立象尽意的传统、物趣人情浑然为一的艺术境界等等，都值得我们继承和发扬光大。中国艺术的抒情传统虽然不能涵盖全部的艺术作品，但它确实是中国古代艺术的独特民族特征的贡献，同样也值得我们珍视。中国古代以和谐为理想的审美趣味特征，得到了持久的发展，与古希腊的和谐观明显不同，值得进行深入研究和大力推广。

中国古代美学思想是当代美学建设的重要资源。美学作为人文价值学科，应当重视中国古代美学思想的价值。因此，我们不能心存偏见，怀抱全盘西化的那种矫枉过正的态度，总是误以为只有古希腊、文艺复兴以来的西方传统才对当下的美学思想发展有启示，而中国孔孟老庄、宋明理学以来的思想传统就不值得继承和发扬光大。我们不能粗率地鄙视和否定中国古代美学思想，盲目地迷信和简单地移植西方美学。实际上，即使在西学东渐、甚至有人主张全盘西化的时代，中国的传统文化也并没有被全盘否定，并没有完全断裂。其中有些成果经过一定的转化和生发创造，已经融入当代美学思想之中。可见，在传统与现代之间，中国人的审美意识和文化精神，在一定程度上依然是一脉相承的。为了让中国传统的美学资源在当代中国乃至世界范围内得到合理的运用，中国现代美学的先驱王国维、朱光潜、宗白华、邓以蛰、滕固等一批美学家已经作出了不懈的努力，在古代美学资源现代化方面取得了卓越的成绩。但是这还很不够，现在需要有更多的中国学者乃至世界学者为中国古代的美学资源在当代美学理论建构中的运用作出努力。

中国从一个美学研究的大国，成为一个美学研究的强国，是我们努力的目标。对中国古代美学的弘扬传播，我们应当不预设立场，真正对中国古代美学作同情的理解，这就需要我们超越固有情境，让古今之间、中西之间获得平等的对话。中国美学家需要放眼世界，了解西方和各国美学的新思想，但绝不能仅仅以传播和消化西方的美学新思想为己任，而是既要学习西方的体系优点和方法论，又要充分挖掘中国古代美学自身的优势，为中国美学在未来实现弯道超车做足够的准备。同时，我们应当具有文化自信，既继承传统，又在此基础上自主创新。中国古代美学资源和当代的美学实践与理论研究，必将对未来世界美学的发展起到引领作用。因此，在今后相当长的历史时期内，中国古代美学的当代创新与弘扬及其对外传播问题，将需要中国美学家和世界美学家共同努力，加以解决。

第二章 追源溯流

中国古代美学思想对于当代美学理论建构无疑具有活力和价值。中国古代哲学和艺术批评中的范畴，如天人合一的思维方式和体现生命意识的气韵、风骨等，是中国古人对审美问题的独特理论概括。他们将自然与人生感悟相贯通，尤其关注现实人生的价值。有的可与西方美学相互印证；有的则反映了中国人的独特贡献，与其他国家美学理论互补，对当代美学理论建构有启发，应予以重视和深化。在理论形态上，中国传统美学思想有自己独特的致思特点，它们常常重直觉体验，以象喻义，体现了诗性的思维方式，具有具象性等特征，与西方美学的逻辑论证可以互补。在中国古代美学思想的研究中，我们不仅要继承中国古代灿烂的美学思想，而且要探究这些思想在继承基础上创新的具体方法。中国古代美学思想有着深厚的积淀，需要我们立足于文献基础，进行追源溯流，厘清思想脉络，体现历史意识，从中发现富于独创性的见解和萌芽，并加以发扬光大。这样既可以服务于中国美学的现代化进程，也可以为西方学者的学术创新提供资源和灵感，为世界美学的发展作出中国贡献。中国古代美学思想的发展历程，呈现为我们目前所见到的样貌，与历史上学者们经常进行正本清源有关。当代中国的美学研究不能脱离中国古代美学发展的传统，不能完全移植西方美学理论，而必须如顾炎武所说的"采铜于山"[1]，使当代美学根深叶茂，在传承中实现现代化，否则中国美学就成为无源之水，无本之木。

---

[1] 顾炎武：《顾亭林诗文集》，中华书局1983年版，第93页。

第一节　追源溯流的基本方法

我们对中国古代美学思想资源的追源溯流，并通过古代美学思想资源的梳理，有助于我们厘清这些思想的来龙去脉，也有助于通过审视中国美学的变迁历程窥见美学思想发展的系统性，发现其中的内在规律，揭示其价值和意义，以此服务于当代中国美学理论体系建设，把中国美学思想中的精华呈现给世界。

中国古代的许多思想包括美学思想，从先秦开始萌芽，经历了长期的阐释和发展过程。人类轴心时代的儒家和道家等诸子百家思想，对中国两千多年美学思想的发展产生了广泛而深远的影响。老子的道论和孔子以人格为中心的仁学思想，重视美与善的统一，重视中庸和谐思想，它们贯穿在中国美学思想的发展历程中，迄今仍然值得我们重视。蔡元培《美学讲稿》曾说：

> 关于美的理论，在古代哲学家的著作上，早已发见。在中国古书中，虽比较的少一点，然如《乐记》之说音乐，《考工记》梓人篇之说雕刻，实为很精的理论。[1]

这些丰富的遗产，需要我们在当代加以继承和阐发。

在中国古代美学思想的发展历程中，继承传统尤为重要。作为一门人文学科，美学的思想内容，其古今关系不是一种更迭断

---

[1]《蔡元培全集》，第四卷，中华书局1984年版，第97—98页。

裂的关系，而是一种承传绵延的关系。当下的理论研究，可以不断地从过去的资源里加以生发。王羲之《兰亭集序》曾说："后之视今，亦由今之视昔。"[1]思想是绵延承传的，我们要重视中国美学古今源流的变迁。中国古代文献中有着丰富的美学思想，需要我们在继承中发扬光大。其中既有一些发展相对成熟的思想，又有一些新思想的端倪。我们需要继承中国古代美学思想的精华，从古代思想资源中寻找尚未得以展开的天才的萌芽，充分认识到其中的价值。

中国古代美学研究中的追源溯流，首先要有历史意识，要把具体美学思想资源放到美学思想史历程中加以阐发，考量其遗产和资源价值。在整理中国古代美学思想资源的过程中，我们需要发现美学思想生成发展的规律和特征。其中不仅包含着审美意识和美学思想起源、发展的知识系统，诸如中国古代美学思想的形态特征、发展的内在动因，以及不同风格艺术作品的实践和理论意识等，而且也包含着雅俗审美趣味的互动，不同门类艺术的相互影响，以及外来艺术和外来思想的影响等。古今中外优秀的美学思想及其传统是不会过时的，正如历代优秀的文学艺术作品迄今没有过时一样，与其相伴相生的美学思想也是不会过时的。

中国古代美学研究中的追源溯流，需要重视中国古代美学思想产生的历史语境。中国古代美学思想资源依托于中国传统文化为主体，其中有着自身的内在逻辑与特质。我们不能采取狭隘的功利主义的方式看待它们。例如中国古代艺术风格南北差异思想

---

[1] 刘茂辰、刘洪、刘杏编撰：《王羲之王献之全集笺证》，山东文艺出版社1999年版，第13页。

的出现，既有自然地理和风物的原因，又有社会历史的原因，并且随着时间和环境的变化而变化。我们只有深入探究才能把握其中的内在原因和流变脉络，对此前人有非常深入的探索。徐渭、王世贞、王骥德等人对南北戏曲差异及其内在缘由就有着深入的评述，需要我们从大的文化背景中加以发掘和阐发。

中国古代美学研究中的追源溯流，要重视中国历代审美意识的研究。中国史前和夏商周以降的石器、玉器、陶器和青铜器等器物的创造，其在造型和纹饰及其构图章法等方面的探索，世代传承，不断发展；而原始岩画、神话和诗歌乃至象形表意的汉字等，其观物取象、立象尽意的意象创构方式，需要我们从当代的视角加以总结和继承。中国美学思想中很多独特的观念，诸如器与道、技与艺、阴与阳、形与神、虚与实、动与静等，中国古人体现在创造物之中的那种与自然的亲和态度，那种人文精神，那种独特的审美思维方式和以象表意的特点，那种强烈的生命意识，那种充沛的情感和纵横驰骋的想象力，乃至独特的时空意识、抽象方式、和谐原则和形式美的法则等，都是从审美意识中逐步孕育、升华、提炼出来的。

中国传统的审美意识不仅是中国美学思想史研究的基础，更是中国传统美学思想形成和发展的源泉。因此，我们要重视历代器物、艺术作品和日常生活等方面审美意识的实证研究，从古人具体的创造遗存中去加以探究，密切关注现实生活中最新的审美现象、审美潮流和审美趋向。我们要重视审美意识的时代特征和历史印记。感性存在的具体的创造遗存是人类审美意识的活化石，每个时代的审美意识，乃至自然环境和生活方式等都必然地在人们日常生活中的器物、文学和艺术等方面打上烙印。中国古代的许多文化遗存和艺术品，从史前的陶器、玉器，到商周的青铜器，当然也包括绘画、音乐、舞蹈，到后来的园林、建筑、家具等，都体现了中国古人的审美意识和审美理想。中国古代许多精湛的美学思想，都是历代艺术创造和欣赏实践的总结，也指导了艺术实践。对于艺术的了解，有助于我们更进一步学习和领会美学知识，乃至产生自己独到的见解。这样可以避免人云亦云、道听途说和以讹传讹，使美学的理论学习与实践相结合。美学从来不是束之书架的空中楼阁，而是源于对人类审美实践的总结、归纳和概括。我们还要重视不同地域、不同民族美学思想和审美意识的相互影响和融合。我们还要重视外来文化因素的特点以及其对中国审美意识发展的影响，如佛教对汉代、魏晋南北朝以降审美意识的影响，基督教对明清时期审美意识的影响。

中国古代美学研究中的追源溯流，还需要通过考辨加以清理。章学诚《校雠通义》自序云："校雠之义，盖自刘向父子部次条别，将以辨章学术，考镜源流，非深明于道术精微、群言得失之故者，不足与此。"[1] 王弼《论语释疑》有所谓"举本统末"[2]，强调抓住关键的思想。王弼《老子》五十二章注又有所谓"得本以知末，不舍本以逐末也"[3]。叶燮《原诗》在谈到《诗经》以降两千年间诗歌的发展时指出："诗有源必有流，有本

---

[1] 章学诚著，王重民通解，傅杰导读，田映曦补注：《校雠通义通解》，上海古籍出版社2009年版，第1页。
[2] 王弼著，楼宇烈校释：《王弼集校释》（上），中华书局1980年版，第633页。
[3] 王弼著，楼宇烈校释：《王弼集校释》（上），中华书局1980年版，第139页。

必达末;又有因流而溯源,循末以返本。"[1]这是在重视源流、本末的基础上强调诗歌的发展变迁。

中国古代美学研究中的追源溯流,需要有经典意识。要甄别经典,继承经典,阐释经典。经典是可以反复阅读、不断阐释的范本,能为我们的进一步思考和探索提供资源。经典可以超越时空的限制,被古往今来的学术界所认可。它们或是研究方向的开拓者和新的研究方法的尝试者,对后继的研究具有启蒙的价值和意义;或是学术高峰的集大成者,荟萃了一个时代的思想精华,代表了一个时代、一个领域的最高研究成就。美学思想的经典是历代伟大的思想家留给我们的宝贵遗产,也是我们当代美学理论建构的重要资源,并且对我们今后的美学研究有着重要的启示意义。

我们要注重研读中国美学思想史上的经典原著。在美学思想史上,中国人对审美问题的探索从孔孟老庄等先秦诸子以前就开始了。我们在放眼世界,阅读、学习和借鉴西方美学家的经典著作的同时,更要重视和继承中国历代著名学者的美学思想和相关观点。学习美学,很重要的一个方面就是要了解美学史上美学家的观点和见解,包括这些观点和见解是在何种时代背景和文化语境中提出的,涉及哪些问题,有哪些渊源,有何意义与价值,对后代有哪些影响,等等,要静下心来,扎扎实实地认真阅读原著,这就是经典意识。那些由大师们撰写的经典著作,已成为弥足珍贵的人类文化遗产和精神财富,有助于我们夯实学科基础,

---

[1] 叶燮著,蒋寅笺注:《原诗笺注》,上海古籍出版社2014年版,第1页。

建构完善合理的知识结构，准确认识中国美学思想发展的来龙去脉。

我们一方面要牢牢抓住大师们最具思想爆发力和闪光点的地方，另一方面还要注意大师们的学术方法论。需要指出的是，对于原著中的观点，我们不必一味盲从，而是应该有自己的想法，大胆地加以质疑和批判。同时，美学家们的观点有时能给我们以启发，引发我们新的思考，激发我们对相关问题作进一步探索和研究的热情。从这个意义上说，研读中国美学思想的经典原著有助于培养我们的问题意识，调动起我们的求知欲，引导我们去不断发现新问题、解决新问题，历代美学思想家们既有的观点正是我们思考的起点。

中国古代美学思想研究的追源溯流，其重要目的包括正本清源，匡正风气。中国古代文坛的古今新旧之争，其实说到底，就是对文学现状的不满，要求创新。中国古代常常提倡"复古"的思想，更多的是要复古创新。每当人们不满足于当下的文学艺术，要求对文学艺术的退化和误入歧途进行反拨的时候，大都采取返本开新的策略。例如严羽批评宋诗的尝试和创新，提倡"以汉魏晋盛唐为师"[1]"以盛唐为法"[2]，胡应麟所谓"诗之格以代降"[3]的说法，都是要求拨乱反正。晚唐诗、宋诗也进行过探索创新，只是其方向和效果没有得到普遍认可而已。

中国古代美学思想研究的追源溯流，既要尊重历史事实及其

---

[1] 严羽著，郭绍虞校释：《沧浪诗话校释》，人民文学出版社1961年版，第1页。
[2] 严羽著，郭绍虞校释：《沧浪诗话校释》，人民文学出版社1961年版，第27页。
[3] 胡应麟：《诗薮》，上海古籍出版社1979年版，第1页。

发展规律，又要服务于当代的理论建构和审美实践等现实追求。它们作为资源、遗产，以及其价值是有机统一的。我们追源溯流的目的在于继往开来。我们需要正确处理继承传统和面向当下审美活动的关系，从思想的流变中见出其中的深刻性和当代价值，揭示它们在当代所具有的价值和意义。中国美学思想总体上是一个不断丰富和深化的历程，历代学者都在继承前人的基础上，有自己的发明和创造，追求超越于前人的贡献。但是，这种发展历程不能被看成是线性进化的历程。许多不同观点的美学思想，是多元一体的。它们之间的差异，不能被简单地看成是优劣、是非的差异。

第二节　追源溯流的通变观

中国古代关于文化源流的发展思想，有一个一以贯之的通变观，揭示了事物发展变化的基本特征，是我们追源溯流的根本方法。"通"有融会贯通的意思，在会通中求变。"通"是继承和延续，"变"是变化发展，通与变是辩证统一的。继承的目的在于创新和发展，而不是墨守传统。美学思想既通且变，方能持久，方能延续发展。如果不加以继承和发展，就会走向死胡同，走向衰退和消亡。因此需要真正把握中国古代美学思想资源的精深之处，汲取精华，使之在当下得以发扬光大。中国古代美学思想发展的规律，同样体现了通变的特征。中国古代的美学思想既要继承传统，又要发展创新，创新是奠定在继承的基础上的，要在继承中创新。其中既要继承精华，又要有发展的远见卓识。继承传统、古今会通，与创新是统一的，继承是创新的基础。

中国古代的通变思想源于《周易》。[1]《周易》全书主要阐释世间万物发展变化的根本规律，而通变是其中的重要内容。这在《易传》中表现得尤为具体。《周易·系辞上》有"一阖一辟谓之变，往来不穷谓之通"[2]。从美学思想的发展看，现实环境和外来刺激与原有的思想传统之间，便是一种阖辟成变。而古今承续、融会贯通，便是通。中国古代美学思想具有强大的生命力，有走向未来的潜质，而非穷途末路、走向衰亡，这也是通。我们在中国古代美学思想的研究中，需要打通古今，才能推动中国美学向前发展。而现实土壤和外来影响在客观方面推动它的创新，就是变。《周易·系辞下》把通变看成是事物发展的规律，要通其变，由变而通。"穷则变，变则通，通则久。"[3] 通变的目的是为了深入持久地发展下去。

这种创新不是横空出世的，而是在传统的母胎里孕育出来的，体现了传统与现实时代背景的统一。中国美学思想的新变，要像文学那样，重视"世情"和"时序"等现实状况的影响。中国古代美学思想在发展的历程中有一个顺时应变的问题。《周易·系辞下》："变通者，趣时者也。"[4] 趣时即趋时，指与时俱

---

[1] 另有公孙龙传世文献《通变论》，疑为古本《二一论》与《通变论》残篇的合成，内容主要是讨论逻辑分类的规则及其相关的思维规律，其内容与《周易》和《文心雕龙》的"通变"了不相关，此处不讨论。

[2] 王弼著，楼宇烈校释：《王弼集校释》（下），中华书局 1980 年版，第 553 页。

[3] 王弼著，楼宇烈校释：《王弼集校释》（下），中华书局 1980 年版，第 559 页。

[4] 王弼著，楼宇烈校释：《王弼集校释》（下），中华书局 1980 年版，第 556 页。

进。王弼《周易略例》有"明爻通变""明卦适变通爻"[1]。《周易》就是中国早期主要研究事物发生、发展变化的著作,可见中国文化从一开始就强调发展变化。萧子显《南齐书·文学传论》说:"若无新变,不能代雄。"[2]这虽然说的是文学,但中国古代的美学思想也同样如此,由新变而脱颖而出。变的目的,就是要与时俱进,适应当下的发展变化。司马迁提出他的历史研究要"通古今之变",就是要揭示古今变迁的规律,为当下提供借鉴。通变是一种扬弃的过程,由衰而变。要在变的基础上求通,通过变使古今会通,其中也打上了时代精神的烙印。中国历代意象思想的丰富和发展,就体现了通变的规律。

刘勰把《周易》的通变思想运用到文学的发展上。他继承《周易》的思想,主要是从文学(包括应用文章)的角度谈通变的。他在尊体方面要求继承传统,而在文辞骨气方面力求新变。通有会通、融会贯通的意思,在会通中求变。刘勰《文心雕龙·通变》主张既要继承传统,"资于故实","驰无穷之路,饮不竭之源",又必须"酌于新声","骋无穷之路"[3]。他虽然说的是文学发展规律,但美学思想的发展也同样如此。中国古代美学只有继承传统,发展的基础才不会匮乏;而只有在当下发展创新,才可以持久。所以刘勰说:"变则其久,通则不乏。"[4]刘勰还化用《周易·系辞上》"参伍之变"为"参伍因革"。《文心雕

---

[1] 王弼著,楼宇烈校释:《王弼集校释》(下),中华书局1980年版,第597、604页。
[2] 萧子显:《南齐书》,中华书局1972年版,第908页。
[3] 刘勰著,范文澜注:《文心雕龙注》,人民文学出版社1958年版,第519页。
[4] 刘勰著,范文澜注:《文心雕龙注》,人民文学出版社1958年版,第521页。

龙·通变》云："参伍因革,通变之数也。"[1]因即继承,革即创新,即继承和发展。这种通变思想,刘勰不仅在《通变》篇中表达,在其他篇目中也有所阐释。如刘勰《文心雕龙·物色》有所谓"莫不参伍以相变,因革以为功"[2];《文心雕龙·议对》也说:"采故实于前代,观通变于当今。"[3]刘勰关于文学通变的具体思想,主要是指文学发展,尤其是文体的发展,但对我们理解美学思想的继承创新的发展规律,有着重要的启示。

唐代的皎然、清代的吴乔等人,都曾经讨论过复古与通变、复与变的关系。皎然《诗式》强调复、变之道,就是强调复古与创新的统一。两者是相辅相成、缺一不可的。皎然《诗式》卷五:"复古通变。"复古就是要继承精华,剔除糟粕;通变就是要在融汇古今、继承经典的基础上创新发展。可见皎然意在强调继承与创新的辩证统一。

从美学的角度看,通与变的关系,刘勰概括为"会通""适变"的关系。会通重在古今融合,融会贯通。通变之中包含着会通,变以通为基础。会通是重要的手段,"通则不乏",只有古今相通,才能不断地丰富,才能持久地发展下去。通以继承为前提,但通不仅仅是继承,而且在于古今会通。通要重视其中发展的趋势,要考其势,顺势而为。古往今来,一脉相承、绵延不绝谓之通。通体现了传统的有机整体性,把握其内在逻辑,有助于说明中国古代美学思想在发展历程中的前后关联。会通适变既讲

---

[1] 刘勰著,范文澜注:《文心雕龙注》,人民文学出版社1958年版,第521页。
[2] 刘勰著,范文澜注:《文心雕龙注》,人民文学出版社1958年版,第694页。
[3] 刘勰著,范文澜注:《文心雕龙注》,人民文学出版社1958年版,第438页。

会通，又讲适变，在新语境下的发展谓之变。变是创新，是奠定在继承的基础上的，变的目的也是为了通。没有古今打通，没有传统的基础，创新就是无本之木，无源之水。会通侧重继承既往，适变侧重当下，由变而通，才能充满生生不息的活力。审美趣味有继承赓续的一面，但总体上是不断变化的，变化之中又包含着传统的元素。

中国古代美学思想研究需要我们在更高的阶段上，对传统的理论进行扬弃，让优秀的审美遗产富于生机和活力。即以当代人的视角，站在当代的社会环境中，结合当代的审美实践，从现代的结构和功能出发，去审视中国传统美学的价值。在创新的前提下，吸取其精华，摒弃其糟粕；在发展的眼光指引下，对传统进行吸收，融会贯通，使当代美学体系臻于完善。使之成为当代美学的源头活水，为当代的审美实践和理论建设服务，并且使它具有对现实审美现象的有效的阐释功能。而一味强调所谓的"原汁原味"，其只具有古董的价值。

第三节　常与变的统一

中国古代美学思想的发展规律，与审美现象的历史变迁规律一样，其中有变化的一面，也有不变的一面，体现了变与不变的统一。中国古代美学思想的古今传承问题，就是一个常与变的统一问题。变可以避免走向僵化，使其焕发生机。审美活动的规律有其恒常的一面，而不只是革故鼎新。因此，中国古代美学研究中的追源溯流需要把握好常与变的关系。

中国古代的辩证法思想中，有一对常与变的范畴。常变和通变，是中国古代哲学思想的重要范畴。"常"主要强调稳定的基础。通变是以通驭变，在常与变的关系中发展。审美活动是一种常见常新的创造，但是我们对审美活动的规律及其概括，则体现了常与变的统一。荀子的"体常尽变"思想，正是通变观的一种表述。《荀子·解蔽》："夫道者，体常而尽变，一隅不足以举之。"常，表现为中国古代美学思想继承和守正的一面；变，则表现为扬弃与创新的一面，在特定的时空中得以展开。美学思想中，其规律有守常的特点，有其稳定不变的一面，而具体内容则是不断发展的。

中国古代美学思想中有因袭的一面。如何看待因袭，对我们如何追源溯流很重要。《论语·为政》有云："子曰：殷因于夏礼，所损益，可知也。周因于殷礼，所损益，可知也。其或继周者，虽百世可知也。"相"因"，就是继承，保障其常的一面；"损益"，就是扬弃，有所减增而发展，就是变。美学思想的发展也是如此。在美学思想发展的历史长河中，继承或传承说明其有传统，有稳定性的一面。继承之中包含着不变的因素。变就是损益，包括剔除糟粕和创新。司马迁在《太史公自序》里强调"礼乐损益"等要"承敝通变"。清代思想家方东树《答叶溥求论古文书》提出"善因善创"，重视继承和发展两个方面的能力，强调师法并非简单的因袭。

中国古代的常变观还包括对中国古代已发和未发的思想进行加工处理，使其中闪光的思想和天才的萌芽得以发扬光大。《文赋》所谓："收百世之阙文，采千载之遗韵。谢朝华于已披，启夕秀于未振。"[1] 要求采集千百年来未被重视、湮没无闻的重要篇章，淘汰那些被滥用的无价值的篇章，阐释那些尚未发扬光大的篇章。这同样适用于对中国古代美学思想资源的阐释。

同时，常或变两者都有度的问题。《淮南子·氾论训》："因时变而制礼乐。"[2] 美学思想的传统与新环境相结合，因而生变。陆机《文赋》有"因宜适变"，是讲变的。适变即在会通与达变中，强调适度，反对太过。同时又重视兼容并包，融合创新。由变而通，便是顺应时代潮流，朝着适应当代审美实践的需要的方向发展。中国古代美学重视变的内在动因与外在现实元素的互动关系，将两者统一于美学发展的历史进程中。对于当下的思想现状而言，从复古中找出路，也是一种变。改变现状，既包含拨乱反正的复古，回到正道，又包括在新的情势下的创新。

中国古代美学思想历程的发展，体现了常与变的统一。美学思想史的研究需要知常达变，体常尽变，守常而求变。常与变是相互依存、有机统一的。常与变的关系是一种动静相成的关系。中国古代艺术的发展历程，正是这种常变观的体现。民国时期的黄宾虹、陈师曾、潘天寿，正是通过他们的绘画实践和理论倡导，积极推动中国画的知常尽变。这种努力值得我们在美学思想的发展中加以继承。

---

[1] 陆机著，张少康集释：《文赋集释》，人民文学出版社 2002 年版，第 36 页。
[2] 何宁：《淮南子集释》，中华书局 1998 年版，第 919 页。

第四节　通变中的中西会通

我们今天讨论中国古代美学思想中的通变观，不仅要通古今，而且要通中西。通变之中实际上包含着继承、借鉴和发展三个方面的元素。中国美学思想的发展，既需要在古今的层面上继承和创新，又需要在中西的层面上，通过借鉴来创新。借鉴是促进变化发展的一种重要方式。借鉴包括以古为镜，也包括以他者为镜。而创新则既需要以古为鉴，又需要以西为鉴。古今层面上的会通，是通古人，打通古今。所谓适变，就是要适应当下的情势，包括外来影响和现实环境，面对当下的审美实际和西方美学思想的刺激而应变。变是推陈出新，目的在于创新。追源溯流在方法论上需要多元尝试，既可以尝试外来观念与中国材料的统一，也可以尝试中国观念与西方材料的统一，从而检验中国思想的普遍有效性。

中国古代的美学思想，乃至整个中华文明，都不能墨守成规，那样会走向衰亡，而应当在吸收外来思想和面向现实的基础上使其焕发生机。中国古代源远流长的美学思想中包含着多民族文化交流和内外交流的因子。国内不同民族间的审美意识的交流，中外艺术的交流，是由来已久的。历代美学思想的发展，常常是在外来文明刺激和前代思想传承的基础上有所损益的。中国古代美学思想的发展，有两次重要的外来文化的刺激和影响，一是古代佛教的影响，二是近代基督教的影响。佛教文化和近代基督教文化的传入和刺激，推动了中国古代美学思想的发展。从今天的角度看，变中要借鉴西方，要面对当下的审美实践，使传统思想更有生命力，从而能够适应时代的要求，体现时代的贡献。宗白华将中国古代美学思想资源包括"意境"等范畴，整合到一个基于现代美学的系统之中加以阐发。他熟悉中国古代美学思想史料，信手拈来，又借鉴了西方的理论和方法，从中发现了独特的含义，并加以阐发。

中国古代美学思想传统中的生命力和开放性，是创新的基础。所有的传统都是包含着精华和糟粕的，对它们需要有一个去粗存精、去伪存真的过程，中国古代美学思想资源如此，西方美学思想资源也一样，不能以此厚今薄古、厚洋薄己。我们厘清美学思想源流，甄别异同和优劣，不能以个人的好恶粗暴地否定中国古代美学思想的价值。已有的美学思想精华可以回应当下的审美实践。一代有一代的文学艺术，一代有一代的审美意识。美学思想也同样如此。美学思想在发展历程中要想有重要贡献，必须求新求变。求新求变的基础，既包括当时的审美实践，又包括外来美学思想的刺激，当然也离不开当代思想家的总结、阐发和创造。

中国古代美学思想体现了通变规律，说明中国古代美学思想具有开放性特征。我们今天了解中国古代美学思想的通变规律，目的主要在运用于当代美学理论体系的建构。我们要兼顾中国古代美学思想的丰富性，考察中国古代美学适应各个时代的审美实际，博采众长，兼容并蓄，融会贯通，对历代的审美实践不断加以归纳和总结，在新时代加以创新。任何时代的思想和理论都是有局限的，要想保持活力，必须与时俱进，在变化中焕发活力。

中国古代美学思想研究，是当代美学理论研究的根本。了解中国古代美学研究的通变规律，有助于我们在当代遵循这种通变的规律，推动中国古代美学思想的发展。我们今天研究中国古代美学思想，所讲的通变，尤其需要处理好古今传承与中西会通问题。古今传承和中西会通是中国当代美学学科建设中的重要问题。

美学作为一门系统的学科，本来是在西方建立起来的，目前全球通行的美学理论体系，也大都以西方文化的基本资源为主干，但是中国传统美学思想对于当代美学理论建构无疑具有活力和价值。而中国传统的美学思想，不仅是世界美学遗产的重要组成部分，而且具有自身的独特性。中国古代对审美问题的丰富见解，有些与西方是可以相互印证的。这是由于人类有共同的生理机制和心理机制，人同此心，心同此理，在审美活动中必然有着共同的特征，有着相似的反思与概括。同时，针对一些共同的审美现象，中国古人会有一些不同于西方的独特的见解，或是独特的看待问题的视角。中国传统思想对审美基本规律的概括，揭示了人类审美活动的普遍规律，既可以印证西方美学的基本观点，还可以纠正西方理论中的一些谬误，补充西方美学基本理论所存在的盲点，它们与西方美学思想可以多元互补。当然也有一些中国古代的美学思想，是中国人在长期的审美实践中所形成的独特趣尚，这些现象及其理论上的反思和总结，是西方所不曾有的。其中有些内容具有普遍适用性，如果可以获得普遍接受，会丰富世界的美学宝库。

中国古代美学在对待西方美学的态度上，要以共识推进深化，以特性促成互补。在研究中国古代美学的过程中，参照西方的理论框架和学术形态是必要的。但更进一步的目标则是中西会通。会通不是简单的"依傍",而是通过对话进行"交流"。中西美学的相通可以互证的内容,固然有助于我们深入理解相关思想,有着重要的意义,会通本身也有助于思想的深化。但中国古代美学必须具有独创性思想,对世界美学有独到的贡献,与西方美学和而不同,其重点在于求异,把真正的独到的内容揭示出来,推动中国古代美学资源的现代阐释,共同促进世界美学的多样性和丰富性。中西差异可以互补,中国古代美学思想会因其独创性而更值得重视。中国古代美学思想的思维方式和表达方式虽然有着种种的不足,但其中依然有着值得继承的部分,我们应当重视把中国古代美学的独特贡献融汇到世界美学的洪流中。

第五节 抽象继承与具体继承的统一

中国古代美学思想有历史的连贯性,只有在继承的基础上才能演变发展。所谓继承,并非东施效颦、亦步亦趋式的摹仿。继承传统不仅仅是今天才出现的,汉代对儒家思想的传承和发展,就是一种继承模式。董仲舒在继承儒家孔、孟、荀思想的基础上兼收并蓄,博采了阴阳家、法家和道家等观点加以统合创造,使阴阳五行思想和人性论思想得到发展。中国古代美学思想历史生成的进程,是在传承中不断丰富的,传承是通变中的重要问题。

冯友兰曾经讨论过中国古代哲学遗产的继承问题,并且讨论到抽象继承问题。[1] 吴传启《从冯友兰先生的抽象继承法看他的哲学观点》把冯友兰的观点归纳为"抽象继承法"[2]。准确说来,用"抽象继承法"概括冯友兰的继承观是不全面、不准确的。冯友兰当时为了规避批判,在辩解和修正过程中也确实说了一些牵强附会的话,但那是迫于情势的无奈之举。冯友兰并没有认为只能继承抽象,他只说抽象可以独立继承,因为其中体现了普遍规律。今天我们对于冯友兰继承遗产的思想,应当作同情的理解,把握他的初衷本义及其今天对我们的启示。在继承传统的过程中,具体与抽象共存于一个整体之中,冯友兰的主张其实是抽象继承与具体继承的统一。

冯友兰是在讨论中国哲学史中的哲学命题时谈到抽象意义与具体意义的,运用到美学上,会有一些特殊性。我们研究中国古代美学,既要尊重审美意识和美学思想发展的规律,避免以古人说事,又要超越原生语境,追求它的普遍意义,跨越时空限制而获得普遍价值。对于中国古代美学思想资源来说,尤其要重视抽象与具体的统一。如果只是抽象,让中国古代的术语、范畴和命题脱离具体语境,脱离美学思想史的发展历程,我们就无法揭示中国古代美学的术语、范畴和命题的潜在体系及其思想自身的内在关联性,无法从整体背景中揭示其价值。抽象只是手段,而不是目的,目的在于通过综合和分析加以继承。

简要说来,抽象继承主要包括以下三个方面:首先在于继承

---

[1] 冯友兰:《中国哲学遗产底继承问题》,《光明日报》1957年1月8日。
[2] 吴传启:《从冯友兰先生的抽象继承法看他的哲学观点》,《哲学研究》1958年第2期。

传统的内在精神，从本体上把握传统的深层次的一般逻辑。其次，对方法论的继承就是抽象继承。抽象继承中的"抽象"本身作为一种科学和理性的方法，是一种科学精神的体现。最后，体系的传承是一种抽象继承，体系的归纳本身就是一个从具体到一般的抽象过程。

抽象继承必须对传统思想资源有完整、具体的把握，但是我们需要超越具体内容的局限性。对审美意识的继承就是具体的继承。审美意识的传统是美学思想的传统的基础，两者虽有关联，但不是一回事。对中国古代美学思想遗产的继承，并不是井底之蛙、不是夜郎自大，应当取精去粕。我们要真正从内在精神上继承民族传统中具有生命活力的审美思想精髓，而非只具有古董价值的"原汁原味"。其实，在美学思想的发展历程中，继承精华，剔除糟粕，中西都一样，古今都一样。它之所以成为一个问题，不是因为学者们不明白这个道理，而是因为在具体操作过程中，常常容易迷失，忘了这个初心。

对美学传统的继承体现了抽象与具体的统一。具有普遍规律的抽象内容，是可以继承和发扬光大的。但是，抽象的原理，只有落实到印证具体审美现象的实践中，才有价值。其中的普遍规律常常具有深刻性，而具体内容有时候会因不合时宜而被淘汰。中国古代美学中有些术语、范畴和命题的抽象意义高于具体含义，而对它们的阐释和展开，又生发了许多新的思想。抽象继承奠定在全面准确地了解的基础上，了解美学思想要"会妙"，会妙就涉及具体体验。中西方文明都存在继承、扬弃和发展的共同问题，但是具体继承什么，如何继承，需要根据实际情况。而在抽象与具体的继承方面要突出传统的精神意义，突出其超越时空的价值。从审美的角度看，本体作为一种具体共相在美学中尤其值得关注。美本身就是抽象与具体的统一，意象就是一种具体共相。而美学思想的发展同样存在着具体共相问题。冯友兰在《怀念金岳霖先生》一文中认为自己不懂得什么是具体共相是自己早年的一个弱点。

总而言之，中国古代美学的追源溯流中包含着继承与创新的努力。继承是手段，创新是目的。继承就是要在照着讲的基础上接着讲，接着讲就是创新。继承是一种文化认同，师古人乃是继承。传统美学思想资源需要改造，要对所继承的资源进行创造性转化，化腐朽为神奇。要强调在交流和继承中建构统一的基础，在继承和借鉴的基础上实现对资源的重构，要实现古今、中西会通。要面对当下美学理论建设的特殊性，正确看待在中西交流的语境下继承传统。创新是在兼收并蓄的基础上，将美学思想的发展向前推进。要从当代价值的意义上讲继承，实现中国古代美学思想资源从传统向现代的转变，使其服务于当下美学理论体系建设，努力实现古为今用。对于中国古代美学的继承要实现抽象继承和具体继承的统一，要在本体的层面上寻找古今美学中一种具体的共相，使其既具有超越时空的普遍价值，又具有服务于当下美学体系建构的现实价值。

第三章 阐释资源

中国古代有着极其丰富的美学思想资源，它们不仅是中国宝贵的美学遗产，更是人类宝贵的美学遗产。对它们的充分运用和具体阐释，不仅有利于继承这些遗产，从中西比较中彰显中国美学的特色，而且有利于将它们发扬光大，让它们在当代美学理论建构和美学思想的创新中充分发挥作用。这就需要我们从美学的学科立场出发，在继承中国传统的阐释方法和借鉴西方的阐释方法的基础上，形成自己独到的美学阐释方法，并通过现代学科化的语言表达，把中国古代的思想资源整理成美学理论呈现给国际学术界，使中国传统的美学思想资源融入世界美学的学术共同体之中。

第一节　学科化阐释的必要性

现代西方美学界一直在对美学学科建立以前的美学思想持续地进行整理和阐释。西方美学学科从1750年鲍姆嘉通出版《美学》著作开始，学者们对于柏拉图、亚里士多德以降的美学思想研究，都是一种对学科前史的追溯。而中国20世纪以前的古代美学思想资源研究，也同样是一种前溯研究。与西方一样，中国古代没有美学学科，但是有着丰富的美学思想资源。如何从众多思想资源中提炼出美学思想资源，从美学研究的角度来阐释中国古代思想资源对于现代美学学科的价值，是我们需要思考的重要问题。

中国古代美学思想的价值在于其自身应当具有可阐释性。只有在美学上有价值的古代思想资源，才值得我们从美学的角度去思考、解读和发挥。我们需要发现中国古代美学思想资源的价值，阐释那些解读审美现象或对解释审美现象有启发的文献，重视古人的学术思想对于我们美学理论建设的价值。这就需要我们挖掘具有美学价值的中国古代美学思想资源，通过整合揭示其中所具有的潜在理论体系。例如在中国古代意象概念的家族中，心象、气象、兴象、象外之象和意境等都是意义相关的重要概念，它们从不同角度强调意象范畴的诸多方面，但古人对其没有系统地加以阐发。我们需要从当代美学体系的视角出发，借鉴西方的学术方法，揭示其中的内在关联，激活中国古代思想资源中有价值的内容。这需要我们对中国古代美学思想资源在继承的基础上加以发展，重视对相关审美概念的阐发，重视概念本身的流变，重视相关概念和范畴在使用中不断丰富和发展的历程；需要我们把它们放在全球化语境中，打通中西思想的壁垒。我们要对中国古代美学思想资源加以概括、推理，进行比较、融合、移植和嫁接，提炼出其中的美学思想，把中国古人感悟的心得知识化、体系化、学科化。

中国古代思想资源中的许多精湛的思想，需要从美学学科的角度加以阐释。这些思想资源并没有表现出明确的学科意识，需要我们重视美学思想自身的学科特点，从美学学科的角度对前学科语境中的审美思想资源加以挖掘和阐发。中国古代的思想资源具有综合性特征，牢笼天地，无所不包，其中的审美与艺术思想常常同哲学、史学、伦理学和政治学等方面的思想混合在一起，我们既要把它们区别开来，又要关注它们之间的相互关系。我们从美学学科建设的要求出发，基于现代美学学科的视角和立场，通过拓展阐释的向度和广度，阐释中国古代美学思想资源，参与美学学科的理论建构。西方美学思想史中前美学时期很多精湛的思想，涉及审美的规律和特征等方面的论述，都在美学思想史中得到了充分的整理和阐释。同样，中国古代的思想资源中许多涉及审美的规律和特征等方面的论述，也需要根据美学学科的需要加以深度开掘、逻辑梳理和现代阐释。

中国当代美学研究需要以中国传统美学思想为本根，尤其要重视哲学中的美学思想资源，考察其对于提升和成就主体审美的人生境界的价值。我们既要重视其中的中国特色，更要重视其中的当代价值，使它们走向世界。迄今为止，中国美学思想资源的阐释，对于文学艺术思想中的美学资源给予了较充分的重视，但对于中国古代哲学思想中的美学思想资源，包括先秦诸子、两汉经学、魏晋玄学、隋唐佛学、宋明理学与心学和清代实学中的美学思想等，则有待进一步重视。中国古代美学思想与中国古人的宇宙观和人生观息息相关，它们充分呈现在中国古代哲学中，其中包含着作为审美境界追求的终极关怀。这些都需要我们从美学学科的角度加以阐发。

中国古代思想资源的深刻性和独特价值，源于其思想的深刻性，以及它们对于美学学科的独特价值，其阐释和发挥只能奠定在此基础上。我们的阐释依托于现有的美学学科体系，同时又依据中国古代美学思想资源去修正和拓展美学学科。有时候，现有的美学学科的要求和文献事实之间会存在一定的矛盾，需要在阐释中加以解决。这是因为中国古代美学思想资源的初衷，不是为了现代美学学科量身打造的。我们在整理中国古代美学思想资源的时候，常常会借鉴西方已有的美学体系和问题意识，这就难免会受到已有美学学科的约束。而一些中国古代审美思想中独特的发现和独特的见解，可能处于已有的美学知识框架之外。这需要我们超越现有的美学学科知识体系，尊重中国古代相关文献的原意，揭示出中国古代审美思想中的独特特征，超越并修正既有学科体系和方法接纳中国学术的特殊性。因此，在学科整合和阐释中，许多精辟的言论可能无法融入已有的美学体系中，这就需要我们调整美学学科的研究对象和内容，突破原有的美学学科格局，实现有机的中西交融、古今会通。

中国古代美学思想资源中的许多术语、范畴和命题有一个长期发展、演变的历程，需要我们加以阐释，才能彰显它们的美学价值。中国古代的许多美学概念大都从哲学概念和文学艺术概念中派生出来的，如道技、阴阳、文质、形神、情理等，就是从哲学概念进入审美概念；而气韵、风骨、意象、意境、雅俗等，则主要是从文学艺术概念中派生出来的。当然也有一些概念，是从哲学概念到文学艺术概念，再到美学概念的。其产生和发展的历程，也是历代贤哲们阐释的历程。"虚静"一词从《老子》的"致虚极，守静笃"[1]开始，论述主体的心态，到庄子的"心斋""坐忘""万物无足以挠心"和荀子的"虚壹而静"等，都对虚静思想有所发展。后来这一思想在诸多领域获得了拓展，如

---

[1] 河上公注，王弼注，严遵指归，刘思禾校点：《老子》，上海古籍出版社2013年版，第34页。

《黄帝内经·素问》的"持脉有道,虚静为保"[1]、《文心雕龙·神思》的"陶钧文思,贵在虚静,疏瀹五藏,澡雪精神"[2]等。由此影响到诗文和绘画等文学艺术思想,并且融合到禅宗思想中,形成了一个悠久的传统。当然我们也可以直接从中国古代的审美实践和艺术实践中提炼和升华概念。

中国古代美学思想资源在当代的继承和发扬光大,离不开当代美学研究者把中国古代美学思想作为可再生资源进行当代阐释,从阐释中揭示这些资源对于当代美学理论建构的价值和意义,重视中国传统思想资源的内在活力,把中国古代美学思想资源看成当代美学理论建设的源头活水,激活一切在当代有基础、有生命力的中国古代思想资源,让中国传统思想资源在美学领域充满活力,使中国传统思想资源与中国当代美学学科接轨。因此,我们对中国古代美学思想资源的阐释需要有当代意识,使它们与西方美学思想特别是与西方现代美学思想互鉴互释、相互阐发,揭示其中超越时空的价值和意义。这就需要我们秉持当代美学学科建设的主导性,以当代美学理论建构的视角看待中国传统思想资源,援用古代美学资源为当代美学理论建设服务,对散落在中国古代浩瀚的典籍中的美学思想进行创化整合。

当然,中国古代美学思想资源可以诱导读者对相关问题发表自己的看法,但是在研究的过程中需要避免把古人的思想当成自己观点和理论的注脚。个人可以有自己独特的视角和独到的研究

---

[1] 王冰撰,范登脉校注:《重广补注黄帝内经素问》,科学技术文献出版社2011年版,第119页。
[2] 刘勰著,范文澜注:《文心雕龙注》,人民文学出版社1958年版,第493页。

方法，但必须尊重中国美学思想史这一具体、特定的对象本身，而不能通过"六经注我"式的方法，在中国美学思想史的史料中望文生义，断章取义，剪裁割裂，取其所需，甚至肆意歪曲，把中国美学思想史看成研究者个人观点的注脚，也不宜对中国美学思想史用当代的思想作过度阐释。个人对中国美学思想史的研究，只能从中发现真理，而不能借此发明真理。有些研究者从已有的经典出发，把美学思想史变成某一经典的注脚，这也是"六经注我"的一种表现。经典也应该是规律的体现，它应当在美学思想史中得到印证。我们应当从当代社会现实出发去审视中国古代美学理论的价值，使之成为当代美学理论的源头活水，并且使它具有对现实审美现象的有效的阐释功能。

第二节 作为阐释基础的理解

中国古代美学思想资源的阐释以理解为前提，理解是阐释的基础。这种对中国古代文献的理解，主要有三个层面的含义。一是它们作为中国古代文献，由于年代邈远，读音和字词含义难以理解，其中的假借和讹误等，需要订正。在当代语境中，学者对于中国古代的文献语义的理解已经有了一定的障碍，即使是专业从事古汉语和古文献研究的学者，对于很多文义的理解也是需要深入钻研的，特别是古文献在特定语境中的思想史意义，有时更加难以理解。二是我们把它们视为美学思想的文献，理解和阐释需要有美学学科的立场，需要揭示出它们对于美学的价值和意义。因此，我们既要从微观角度理解它们具体的含义、价值和意义,又要从宏观角度理解具体概念和范畴对于美学体系的价值和意义。对于美学研究者来说,理解经典文献,就是要交流和阐释,不但自己需要理解,而且还要通过阐释来帮助当代学界理解这些文献的深刻含义,并刺激新思想的生成。三是为了凸显这些文献中的独特审美价值,我们需要把它们放在中西美学比较的层面加以理解。

理解需要一定的专业知识基础,即伽达默尔所谓的"前见"。这里所说的专业知识基础,包括三个方面:

一是指我们对于中国传统思想的认知。我们了解中国传统思想,需要有一定的基本知识,才有可能读懂文献的基本含义,才有可能准确地从中获得有价值的见解。我们需要理解说话人的主观意图,阅读文献的人在一定程度上应该是作者的异代知音。尽管我们的阐释不能拘泥于作者的意图,但是理解作者的基本思想是必需的。前见不是成见和偏见,我们理解中国古代的美学思想资源,要虚怀若谷,防止成见和偏见局限我们的理解。思想家的意图,其思想的深刻性需要得到尊重,而不是削足适履,简单地加以利用。

中国古代美学思想研究需要我们对原始文献作完整的理解,避免简单的"寻章摘句"和"断章取义",以利于我们对传统美学思想的准确继承。战国时代,诸侯及其使臣经常对《诗经》中的诗篇断章取义,把它们作为外交辞令来使用,这在当时蔚然成风。但我们从事美学研究,则必须谨慎从事。断章取义有时候固然可以让文本给我们带来意外启发,但也容易遮蔽其中的深刻思想。王夫之《姜斋诗话》所谓"熟绎上下文,涵泳以求其立言之指"[1],就是要求我们在上下文的具体背景中完整地理解原意。

对原始文献作完整的理解,尤其需要重视文献作者的背景和语境(包括委婉表达的方式)。这是为着尊重前人思想的独立性和价值,真切领悟文献的真谛,真正体会其中的深刻性,其中包含着作者的切身体验。孟子强调"知人论世","知其人""论其世","知其人"的目的就是为了更准确地理解和把握前人的深刻思想。对于前贤的感悟和洞见,我们要有敬畏之心。我们需要合理地考量作者的意图和动机,包括作者通过象征等方式隐匿在文字背后的真实意图,但是如果仅仅从象征的意义上解读,也会有过度阐释的风险。这就需要尽量避免对作者意义的表达的误读。误读是针对作者意图而言的,有时候中国古代美学思想资源的客观效果可以超越作者的意图,但是依托于文献本身理解原意,是我们阐释的基础。当然文献作者说者无心,读者可以别有会心,可以对作者自发的内容表达进行自觉的阐发。

同时,这些资源中还包含着前人看问题的角度、思路和方法,在一定程度上值得我们学习和继承。重视和了解相关思想产生的历史背景和具体语境,有助于深刻把握其中的思想意蕴,从而有利于理解文本思想的深刻性和思想的生成过程,有利于在学科建构的意义上加以阐发和利用。可见,中国古代美学思想资源的阐发,需要基于审美实践,回归历史语境,对古人的思想作同情的体验。我们首先要入乎其内地照着讲,要准确地把握中国古

---

[1] 王夫之著,戴鸿森笺注:《姜斋诗话笺注》,上海古籍出版社2012年版,第231页。

代美学思想本身的内涵,重视其本来面目,具有陈寅恪所说的"了解之同情"[1],不能穿凿附会,不能完全割裂理论语境来理解,才能有真了解。当然,我们也不能片面地追求原汁原味的自足性,片面强调其整体性,保留其文物的价值,而应该超越和扬弃传统的治学方法,将中国古代美学化为当代美学内在生命的组成部分,让它活生生地存活在我们当代的审美活动中。美学与世推移,美学观念也与世推移,对中国古代美学思想的继承发展也要与世推移。因此,我们还要出乎其外,从当代的视野评估其价值,创造性地接着讲,开掘其丰富的意蕴,顺应时代的要求,从当下审美活动的实际出发对其进行系统乃至体系的重构,使其为当代服务,以便解决美学理论审美实践中的实际问题。

二是指我们自身的美学专业知识背景。没有基本的美学专业知识背景的人,是无法理解中国古代文献中的美学思想的。李泽厚曾经在《美学译文丛书·序》中说:

> 现在有很多爱好美学的青年人耗费了大量的精力和时间苦思冥想,创造庞大的体系,可是连基本的美学知识也没有。因此他们的体系或文章经常是空中楼阁,缺乏学术价值。

这在当时有明确的针对性。我们把中国古代思想资源作为美学资源来理解,不仅是要理解其文意,而且要依托于美学专业知

---

[1] 陈寅恪:《陈寅恪集·金明馆丛稿二编》,上海古籍出版社2020年版,第247页。

识背景来理解其中的美学思想。我们头脑中美学学科的前见，影响着我们对中国传统思想资源的理解和阐释。我们从已有的美学知识背景出发，去理解和消化这些文献，那么已有的美学知识背景就是我们理解这些文献的一种前见。无论是我们自己，还是我们帮助别人去理解这些美学思想原著，目的都是为了挖掘其中的美学价值，致力于美学学科建设。我们自己的美学专业知识，是我们从美学角度理解中国古代美学思想资源的基础，因此我们需要超越原始文献语境的限制，使语言表述为当下美学界、为国际美学界所理解。但是，我们也要警惕简单比附西方美学的研究方法，避免对这些文献削足适履、生搬硬套，牺牲这些文献自身的原创性和深刻性，更要避免随意的附会和曲解，不能不顾原意而为己所用。

三是我们作为理解主体和阐释主体的审美经验，也是我们理解这些资源的前见和基础。中国古代贤哲的思想创见基于主体的生命体验，把自己的体验自觉地传达出来。学者通过自己的审美经验，与古人心心相印，结合自己审美实践的体验加以理解和消化吸收，从而把自己的审美体验融入理解之中。中国古代美学思想文献的价值，取决于主体通过审美经验对它们的印证，判断文献的价值，以亲身体验印证前人的思想。这便是学者结合自己的体验所进行的亲证，是理解的一个重要方面。理解和阐释文献要以本人实际的审美体验为基础。对中国古代美学思想文献的理解要反求诸己，以切身体验为基础，结合亲证和内在体验加以领悟，在心灵深处与前贤共鸣，才能使中国古代美学思想资源活起来。对于中国古代美学思想资源的理解，需要通过自身的审美经验进行体验和消化。

我们在理解中国古人的美学思想过程中,需要将它们放到审美实践中加以印证。理论和阐释不是一个纯粹的语言智力游戏,审美实践和个人体验的印证对于我们理解中国古代美学思想资源尤为重要。印证是理解的一种方式,也是阐释的基础。中国古人重视体验、强调体验,阐释的灵感源于亲证。我们理解中国古代美学思想文献要重视"亲证",重视以心印证,心解了达,了然于心,通过自己的亲身体验印证思想。我们要对文献的内容作同情的体验,根据自己的体验领会文本。在领会文献的时候,主体受到灵感的激发,豁然贯通。我们对中国古代思想加以理解,需要采取"格物"的方法,从一事一物、一花一枝中参悟,从亲身体验文献中归纳特征。美学学者在阐释文献的时候,必须结合自己的审美经验加以印证,正确地看待心得,由心得而阐释。

作为阐释基础的理解,还包括对中国古代美学思想资源的总体了解,把握其中已有系统的,有利于具体阐发。中国古代的自然哲学和人生哲学有着自身的思想系统。这种系统是我们理解中国古代美学思想的潜在体系的重要基础,而许多看似不够系统的著作也包含着潜在的系统性。中国古代的音乐理论著作如《乐记》,文学理论著作如《文心雕龙》《沧浪诗话》等,其中的审美思想都是包含着潜在的系统的,与中国古代的总体思想背景是不相冲突的。而许多书信、笔记、评点等零散文献,其中的吉光片羽,不乏真知灼见,对当代的美学理论建构也具有启示意义,我们需要把零星的思想放进整体中去理解,需要对已有的思想片段作系统性整合。钱锺书先生甚至说:

倒是诗、词、随笔里，小说、戏曲里，乃至谣谚和训诂里，往往无意中三言两语，说出了精辟的见解，益人神智；把它们演绎出来，对文艺理论很有贡献。[1]

因此，我们需要正确看待中国古代美学思想总体上的系统性和个别人零星言论的关系。虽然对于个体来说，这只是零星的突破，但是从学术共同体的整体上看，依然有其体系和系统。

理解不仅要知其然，还要知其所以然。理解之中包含着判断，包含着从美学角度对中国古代思想资源的审视，尤其要把握古人提出相关思想的原因和动机。中国古代思想资源要让美学研究的业内人士判断其价值和意义，从而获得理解。理解中也包含着一定的设想和推理，这也取决于阅读者、理解者的眼光和见识。这与警察破案、法官判案有类似之处。这种判断更应该像是法官，而非律师。律师无论是站在被告的立场上，还是站在原告的立场上，目标都是替他们辩护。法官固然需要看到被告和原告各自的责任，但不能像律师那样预设立场，而应该作出公正的评判。

同时，我们对中国古代美学思想资源的阐释要以理解为基础。一方面要符合学理的逻辑范式，以逻辑自洽作为验证方法；另一方面要与审美实际相印证，阐释中对资源的判断与表述，应当以理解即所谓"知"为阐释的基础，不知或一知半解便无法阐释。我们要设身处地地对中国古代美学思想文献作同情的理解。

---

[1] 钱锺书：《七缀集》，生活·读书·新知三联书店2002年版，第33页。

阐释在理解中的判断和取舍要回归历史语境,并在文义理解的不确定之中获得拓展,彰显它的当代价值。即以当代人的视角,站在当代的社会环境中,结合当代的审美实践,从现代的结构和功能出发,去审视中国传统美学的价值。在创新的前提下,吸取其精华,摒弃其糟粕;在发展的眼光指引下,对传统进行吸收,融会贯通,使当代美学体系臻于完善,使之成为当代美学的源头活水,为当代的审美实践和理论建设服务,并且使其具有对现实审美现象的有效的阐释功能。

第三节 阐释美学思想资源的基本方法

从中国传统思想的整体语境中揭示具体内容的美学价值和意义,这就是美学思想的阐释。我们侧重于对古代美学思想文献的阐释,侧重于对审美活动现象的阐释,阐释之中包含着评价。我们不仅要从美学学科的视角理解中国古代美学思想资源,而且要从美学学科的角度阐释这些资源。阐释包括解释和阐发。阐释问题不只是从今天开始的,中国古人就有着悠久的阐释传统。春秋时期的孔子就是中国早期伟大的阐释家,他"述而不作,信而好古"[1]。事实上,孔子的"述"既入乎其内,遵循本义,又出乎其外,在阐释中表达自己的思想。

南宋陈善《扪虱新语》提出"读书须知出入法",对我们很有启发性。首先要准确、深入地理解中国古代美学思想的文献,

---

[1] 刘宝楠撰,高流水点校:《论语正义》,中华书局1990年版,第251页。

并加以阐释，使它们发扬光大，体现入乎其内与出乎其外的统一，强调对文献思想的继承和发展。这些都属于阐释。入乎其内，把握中华文化固有的精神风貌，重视文献的形上基础，如人本精神、天人合一等，尊重经典著作中思想的深刻性，包括对它看问题的视角和方法加以探讨。入乎其内要求对经典文献产生共鸣，基于对经典文献的感悟，别有会心，真正揭示其独特性和深刻性。我们需要以心会心，中国传统思想重视理解原文的本义，讲究读者与作者以心会心，可以对获得共鸣的思想加以阐释，使前人文献中尚不明晰的思想表述得清楚明白。因此，中国古代美学思想资源阐释的视角和立场，需要奠定在细读文本、充分尊重并深刻理解对这些资源美学价值的基础上，便是入乎其内。

出乎其外强调文献资源阐释的开放性，要基于文献进行推理，重视文本的启示意义，对相关学理举一反三，触类旁通。阐释以接受为基础，目的在于继承和发展中国古代思想资源中的美学思想。阐释主体具有主导性的特征，其需要在理解文献本义的基础上，秉持学科立场，结合自己的灵心妙悟来主导阐释。《维摩诘经》所谓：" 佛以一音演说法，众生随类各得解。"[1] 其中"法"是基础，"解"可以结合具体学科加以理解和阐发。当代学者的主观意图在中国美学思想文本资源中也是阐释的基础。

与入乎其内、出乎其外思想相关的阐释方法，是中国古人"我注六经"和"六经注我"的阐释方法。中国古代美学思想资源阐释的目标，包括两个方面：一是整理中国古代美学思想史文

---

[1] 僧肇等撰，于德隆点校：《注维摩诘经》，线装书局2016年版，第30页。

献，侧重于"我注六经"；二是运用中国古代思想文献进行当代美学理论建构，侧重于"六经注我"。两者分别侧重于辞章和义理。前人往往把汉代的阐释传统看成是"我注六经"，把宋代的阐释传统看成是"六经注我"。汉代经学重视经典的传、注、章句、笺等，到南朝梁时出现义疏，至唐则汇聚为正义，它们对经典思想加以全面、详尽的阐释，以揭示文本的深刻性。对于经典的阐释，相对于赞扬"我注六经"，中国学术界更多的是批评"六经注我"。宋代学者不满足于"我注六经"，提倡"我注六经"与"六经注我"的统一，自出"理义"或"义理"，侧重于在前人的基础上推论广证，并别开生面地推进思想的生发。陆九渊《语录》载："或问先生何不著书？对曰：六经注我，我注六经。"[1] 可见陆九渊认为两者是辩证统一的，他把注经看成是阐发自己思想的基本方法。

陆九渊所谓的"注"，包含两个方面的意蕴。一方面是"我注六经"，面对事实，面对本义，要求阐释清晰、准确。我们对中国古代美学思想文献的阐释，需要重视文献本身，要基于原始文本，重视其言内之意与言外之意，从具体语境中领会言意。同时，我们也要参考前人的解读。由于年代邈远、语言和语境的差异，我们需要借助于历代贤哲们的阐释，并且借鉴他们的阐释经验和方法。我们在理解前人的理解，阐释别人的阐释的基础上，尊重历代多层累的阐释，重视不同时代理解的差异，以不同时代的文献相互参证，去伪存真。当然我们也需要有自己的独立判

---

[1] 陆九渊著，钟哲点校：《陆九渊集》，中华书局1980年版，第399页。

断,不能完全轻信前人的解读。

另一方面是"六经注我",重在生发创造。我们对过往的阐释文献和思想既要尊重,又要发展。阐释中既有解释,也有创新。对中国古代美学思想资源的阐释是一种再生,一种创化。而强调所谓的"原汁原味",只具有古董的价值。阐释中国古代的美学思想资源,要揭示其内在的生机和活力,要从中激活思想,激发活力,让书本上的资源,变成美学学科鲜活的知识,而不能肢解其内在生机。中国古代所谓的"发明"有阐发、推陈出新的意思,乃是重视文本的启示意义,重视主体的创造性阐释。谭献《复堂词录叙》说:"甚且作者之用心未必然,而读者之用心何必不然。"[1]这说明我们可以超越原著者的意图加以理解和阐发。中国古代的"复古创新",同样体现在阐释中,是在对古典文献阐释的基础上进行概括和推理,提炼出美学思想,并激发创造。阐释中国古代美学思想资源的目的,不仅在于解读文义,而且还在于在兼收并蓄的基础上进行学术创新。当然,我们对其中言外之意理解的自由度和灵活性又是有限度的。

但既然是阐释文本,文本对阐释者无疑具有一定的约束性,阐释者的权利毕竟是有限度的。我们的阐释不能"挂羊头卖狗肉",不能罔顾事实,颠倒黑白。我们阐释中国古代美学思想资源,要以反思为基础,要去芜存精,有所取舍。我们对文献加以领会推敲,在接受中有扬弃、有损益。损、弃,即放弃、去除,去除那些没有生命力的糟粕;益、扬,说明不但有取舍,而且要

---

[1] 谭献著,罗仲鼎、俞浣萍点校:《谭献集》,浙江古籍出版社2012年版,第21页。

张皇幽眇、发扬光大。中国古代思想资源中的独特贡献，需要我们通过阐释加以继承，别人的思想可以诱导我们发挥和表达出自己的思想。对于古代文本的阐释，引申发挥是有限度的，在一定的限度内重视古代学者个人思想的独到性，同时期待阐释的可接受性。这就涉及阐释的合理性与价值，涉及阐释的边界和"借题发挥"的限度。冯友兰说，治学有"照着讲"和"接着讲"的区别。照着讲是"述"，"接着讲"是在文献基础上的进一步阐发。我们今天继承中国古代的阐释方法，应当提倡"我注六经"与"六经注我"的统一，继承传统和发展创新的统一，照着讲和接着讲的统一。因此，我们在阐释中既要设身处地地领会作者意图，又不受它的约束，而要从当代美学学科建设的角度对中国古代美学思想中的元术语、元范畴加以补充和拓展。

阐释中国古代美学思想资源，需要阐释者对古代文献从文义到思想，乃至在美学学科方面具备必要的基础。我们既要遵循文本在原生知识背景下的本义，又要探寻它在美学学科知识背景下的价值，借助于美学学科体系加以阐释。我们需要尊重文本的原意，把古人关于审美思想的文献加以系统化和学科化，同时站在当下的立场上，从美学的角度对其作出合理化的阐释。阐释者的悟性、知识基础和理论水平都是非常重要的，如果阐释者太肤浅，就很难作出深刻的论述。同时，中国古代美学思想资源的原生语境，与当下美学学科语境是有差异的。我们既要重视这些原生语境中中国古人对于审美问题的独到看法，又要让它们超越于原生语境，进入美学的学科语境特别是当代美学的语境中。

追源溯流是阐释中国古代美学思想的基础。中国古代的美学思想资源，在自身的语境里曾经长期以来处于一个不断被阐释的过程中，形成了一个悠久的传统。我们在阐释中国古代美学思想资源的时候，要重视经典文献在历代的阐释史，要重视特定术语、范畴和命题的发展脉络，重视相关概念特定含义的丰富与变迁，重视具体概念在学术共同体中的形成历程，重视历代阐释对于当代学者的启发。从美学学科的视角出发，我们也应当继承这个传统，尤其是继承和借鉴中国古代经学的阐释方法。经典的文本总是具有不断被阐释的价值和意义的。

中国古代美学思想资源，还需要与主体已有的美学知识结构进行碰撞和交流。学术阐释是一种有目的的活动，是为特定的学科发展服务的。美学作为一门学科，有自己的学科形态和阐释方式。我们需要站在美学学科立场上，把零散的思想观点放到美学学科体系的层面上理解，理解这些传统思想资源的价值和意义，充分认识中国古代美学思想资源在美学学科领域可阐释的价值和再阐释的空间，基于文献的原始语境又超越原始语境进行阐释，为美学阐释奠定方法论基础，而不能以己昏昏，使人昭昭。

阐释中国古代美学思想资源，需要我们辩证地处理好它们的历史意义与现实意义的关系，正确处理好其历史语境、当代语境与阐释的关系，在历史际遇和当代际遇中充分彰显中国古代美学思想的价值。我们既要考虑中国传统体验、感悟的思维方式，又要兼顾美学学科的体系性特点。一方面，中国古代的独特的思维方式和阐释方式，需要被带入当代美学研究之中。中国古人的只言片语中常常包含着珍贵的灵心妙悟。他们表述个人审美经验的那些直觉了悟的话语，值得我们从学理的角度加以整理和阐释，赋予它们思辨的形式。另一方面，阐释既基于传统，又超越传统。它受制于解释者所处的当下语境和阐释者的个人立场，从当代美学理论建构的视野中得以展开，从而拓展、创化中国古代美学思想，激活其潜力和内在活力，揭示其现代价值，使古典形态的美学资源获得现代形态。

中国古代美学思想资源的现代阐释之中包含着与古代思想家们的共鸣和对话。阐释中国古代美学思想资源，需要跨越古今的时间隔阂，实现古今对话，辩证地看待古今中外相关思想的异同。我们对中国古代一些灵心妙悟、一些精辟的言论的理解，本身就包含着古今对话。这些思想资源由于古今语言差异和时代的隔阂，需要进行阐释，才能被当代学者特别是外国学者更充分地理解。阐释需要超越古今的局限性，尊重古代文献的历史语境、时代烙印和特点，并要处理好现代美学概念与传统美学概念的关系和相对性。同时，既然是对话，我们的阐释与思想家就应该有共识，与前人思想家有共鸣，而不是鸡对鸭讲。为了实现这种古今中西的对话，我们在阐释过程中常常需要借用其他学科文献的概念加以阐释。

借鉴西方的思想和阐释方法，进行参照和比较，有利于揭示中国古代美学思想资源的现代价值，使中国古代美学思想资源与西方美学可对话、可交流。《诗经·小雅·鹤鸣》说："他山之石，可以攻玉。"在美学研究上，我们也应当借西方美学之石作为方法，攻中国传统美学之玉，对中国传统美学进行合理的取舍和创造性的阐释。因此，借鉴西方美学观念和方法阐释中国传统美学，是我们激活中国传统美学，走向当代、走向世界的重要手段和路径。宗白华当年在接受了西方特别是德国美学的基础上，反观中国传统美学思想，既看到了中西文化的相通之处，又看到了中国传统美学的独特之处。他对中国传统美学中意境、和谐、节奏等方面的具体诠释，推动了中国传统美学向现代的转化。

外来思想如佛学传入中国以后，早在一千六百多年前的东晋时代，高僧竺法雅、僧肇等中国学者就运用格义的方法，通过中外参证、连类比附等加以阐释，拓展了对佛学阐释的维度，积累了一定的同化经验。西方美学从近代开始传入中国之后，中国美学界曾经对中国古代美学思想资源的阐释作了多种尝试，如以中释西、以西释中、中西互释等。如王国维、朱光潜、滕固等人运用西方的理论结合中国的审美实践和艺术作品的材料加以阐发，以及朱光潜尝试以中国的理论解读西方艺术，滕固以西方的美学概念与中国古代的相关概念相互比较等。这些中西美学思想参证的尝试，有利于揭示出中国古代美学思想的独特特征，也有利于实现中国古代美学思想的当代转化，从而将中国古代美学思想资源整合到当代美学理论体系之中。

邓以蛰在阅读克罗齐著作的时候，能联想到中国传统书画美学思想；他在阐释中国书画美学思想的时候，能联想到克罗齐的直觉表现说，所以在思考问题时把两者充分地融为一体了。他从表现的视角对中国传统书画艺术进行阐述，一方面将西方美学思想与中国传统书画理论如"气韵说""性灵说"等接轨，符合中国传统的美学思想；另一方面，他还从创作心理的角度对传统画论加以创造性的发挥，从而激活了中国传统的书画美学思想。这无疑提升了中国古代美学思想，为中国古代美学思想走向世界奠定了基础。

1932年7月，滕固在德国留学期间就聆听了马克斯·德索的美学课，并在班上宣读了《诗书画三种艺术的联带关系》的论文。该论文借鉴西方美学的相关方法，阐释中国诗书画关系的独特性。滕固受到了马克斯·德索的影响，重视美学与艺术学的联系与区别。滕固说："诗要求画，以自然物状之和谐纳于文字声律；画亦要求诗，以宇宙生生之节奏、人间心灵之呼吸和血脉之流动，托于线条色彩。故曰，其结合在本质。"[1] 滕固借鉴西方现代学术语言，从审美角度阐释了艺术与文学及其相互关系，提出了自己独特的见解。他从美学本体论角度将诗画的共同本质统一于美，同时又阐释了两者在艺术语言等方面的差异。

西方汉学家们对中国传统美学的弘扬传播，有他们的独到之处，有他们的贡献，值得我们学习和借鉴，但是由于他们对知识背景和具体情境不了解，也产生了不少误读和误解，其中的一些观点也有值得讨论和商榷之处。一些国外汉学家写的中国传统美学的相关著作，包括涉及美术和音乐方面的相关著述，在翻译成现代汉语的过程中不少没有回到文献原文，没有回到中国古代的术语阐释和具体语境中，而是使用了另外的现代汉语词汇，或是创造了新词来表达。这样做的优点是把对中国传统美学思想的理解纳入现代语境里传播了，也带有译者创造性表达的成分。但遗憾之处在于，西方学者由此对中国古代美学思想的文献和术语，已经有了不少误读，当然我们也不排除有些创造性误读有它的价

---

[1] 滕固：《滕固艺术文集》，上海人民美术出版社2003年版，第59页。

值，但是由于它们背离中国古代的文献和术语及其语境，这就更加远离了中国古代美学的思想资源和传统本身。因此，对于外国汉学家的中国传统美学的研究成果及其中译，我们需要对他们的利弊得失作客观的评价。同时，对于这些海外汉学的研究著作，我们要超越过去国内自说自话的评价状态，不能仅仅停留在与国内读者交流的层面来进行评价，而应当首先与原作者进行切实的对话和互动。这一方面有利于深刻地了解他们的成就，把研究推向深入；另一方面也有助于提升中国传统美学当代研究的总体水平。

因此，借鉴西方美学进行参证是必要的，可以大胆探索，但应当避免一知半解，避免求同弃异；要在阐释中体现中国传统美学思想表达方式的特殊性，并使其获得与世界对话的形态。中国传统美学思想资源要想走向世界，让西方学者所理解，就必须从跨语际和跨语境的角度进行阐释，为最终建立多元一体的当代美学思想体系作出贡献。诸如中国古代对言意关系的自觉意识，便可以与西方思想对话，给国际美学界带来启示。

对中国古代美学思想资源的阐释，也是自己表达思想的一种方法。我们对它们的当代阐释不只是一种依附文献的关系，也不只是简单地加以利用，还要防止过度阐释。我们对中国古代美学思想文献的阐释，需要基于文本又超越文本，运用文本意义的开放性特点，在阐释的基础上创新发展，体现出继承与创新的统一，其中包含着对中国古代思想资源阐释的意图和倾向，体现着阐释的开放性和创造性特征，在解读文献中同时包含着阐释者思想的表达。中国古人常常强调"见微知著""发微"，就是致力于把古人某些重要思想的苗头发扬光大。通过这种创造性阐释，阐释者使这些思想资源获得系统性和逻辑性，为适应现代美学的理论建构服务。当然这种阐释的开放性和创造性也必须有限度，不能一知半解、粗浅比附，乃至简单地借题发挥，离题万里。

第四节　语言表达方式的继承转换

对中国古代美学思想资源的阐释，需要克服古代的文字和语言的障碍，使当代学者能够理解，并且把它放到美学学科语境中加以阐发，在特定的语境中呈现意义。我们在阐释中既要尊重中国古代汉语的表达规律，又要转换古今语言的表达方式，超越古今语言表达差异，把古代思想资源接活到当代，通过学科化的语言加以阐释。

中国古代思想资源的语境中包含着特定的语言背景，古汉语的语言形式及其当时的语境，对中国当代学者和西方当代学者来说，往往很难理解。我们对它们的阐释需要通过当代美学的表达习惯加以呈现。这些中国古代思想资源不是自说自话，而是当时学术圈内交流的文本。既然是学术圈内的交流文本，在它们学术共同体内，是有一定的共识的，原初话语和阐释话语应该是可以交流的。同时，语言的张力给阐释带来了一定的阐释空间。中国古代思想文献常常通过譬喻等方式说明问题，这从语言表达上可引发读者对问题的进一步思考。当然另一方面，从现代学术规范来说，也有其不确定性的一面。

我们对中国古代美学思想资源的阐释语言，要直面汉语的表达方式，充分尊重中国古代意象化的表达方式的优点，当然也要看到这种表达的局限。我们首先需要重视语言层面的训诂和考据等，这是中国古代美学思想资源阐释的基础。对这些资源"意在言外"的思想作同情的理解，并阐释其中的言外之意，特别是语言表达所遮蔽的意图和思想，因为语言对意义的表达有一定的局限性。中国古代文献中包含着中国语言特有的表达特征。一方面，中国古代也重视名与实的统一。《荀子·正名》的"制名以指实"、《韩非子·定法》的"循名以责实"，都是强调名实相符。《墨子·经上》把名分为"达""类""私"三个特征，分别强调普遍性、分类性和个别对应性，即普遍概念、类概念和特指概念。"正名"对于美学研究的启示在于，让概念严密，使理论严谨。

另一方面，中国古代文论、画论、书论、乐论中的诗性表达，讲究诗意的会心，虽然感性生动，包含哲理，但有其不确定性，通过语言的张力，传达出只可意会、难以言传的内容，诸如，以意相会，本来是艺术欣赏的特征，也是中国古代学术思想的特点。有时候上下文的省略表达、散文笔调中包含着富于哲理的思想。中国古代谈文论艺的心得体会，更多地用文学性的语言，优点是可以用简练的语言传达出丰富的意味。王弼《老子指略》强调"辨名""言理"，《周易略例·明象》强调"得意忘象""得象忘言"，反映了他在阐释和传达两方面的探索和经验。而王弼对言象意关系的阐释，正是奠定在对《周易》阐释的基础上的。"得意忘言"说明言意关系的贴切，真正得意了，就不觉得语言作为工具的存在。王弼《周易略例·明象》借鉴庄子的思想阐释意与象的关系，内容丰富，具有一定的模糊性，也引发了后代学者的讨论和争议。这是由意与象关系本身的复杂性所决定的。"得意忘象"从认知的角度把象作为承载意义的工具，认为获得了意义，就可以弃象；而从审美的角度来看，意是始终不脱离象的，这里的"忘"可以理解为"忘适之适"，说明意与象的贴切和密切。审美是不能"得意忘象"的，审美活动始终离不开象。王弼的"得意忘象"，从审美的意义上可以理解为意与象适，"忘"可以理解为忘适之适，方能体现出审美特征。我们对中国美学思想资源的阐释，是基于语言特征的阐释。这种阐释本身就涉及对言意关系的把握。

中国古代美学思想资源的语言表达方式，包括"话月"与"指月"的方式。佛教禅宗有"话月"说和"指月"说[1]。"话月"相当于用语言界定什么是月亮，这是一种解释，一种直陈式的表达。我们在当代阐释的时候，要尽可能地把"话月"的内容进一步说清楚。现代学术对基本概念当然要作严密的界定和阐发，即以"话月"为主。但是，鉴于话月式的陈述语言不能完全贴切地表达丰富复杂的意义，难于传达丰富、精微的思想，而一切思想又必须通过语言来表达。于是，中国古人常常采用"指月"式的表达。

"指月"的字面意思是以手指指月亮，引导我们认识月亮。古代思想的很多资源启发、引导我们去体悟，而不是向我们陈述，就是一种"指月"式的引导，而非概念的界定，也非逻辑性

---

[1] 普济著，苏渊雷点校：《五灯会元》，中华书局1984年版，第397页。

的阐发。"指月"式如象喻的表达等方式，是中国古代的主要话语方式。语言是有局限的，很多精微的内容很难用语言表达清楚，于是还需要象喻等方法引导我们去领悟。象喻等表述方式不确定性的特点，同时也带来了阐释的开放性，从而突破语言符号的局限性。作为一种表达方式，"指月"式表达充分利用了语言的张力，同时也带来了理解和阐释的空间，使阐释者能更加充分地阐释文本中有价值的内容。面对语言的局限性，充分体会由语言张力所呈现的意蕴的丰富性，阐释古人"言近旨远"的思想意蕴，并利用语言的张力激发创造，使有限的语言表达丰富的意义。

我们在阐释中国古代美学思想资源的时候，需要"话月"与"指月"的统一。"指月"式的语言具有一定的灵活性，对于"指月"式的语言，理解起来尤其需要悟性，其中容易发生误读、发生"误指为月"的情形，即我们用手指指向月亮，引导别人沿着手指的方向去观察月亮，别人不能把我们的手指当成是月亮。如象喻性的文本，尽管阐释空间大，也要重视本义。阐释不能拘泥于象喻本身。象喻和象征等方式的表达，可以启发联想。我们把中国古代关于审美的灵心妙悟和象喻的语言，以符合逻辑的理论方式加以表述，本身就体现了阐释性。

阐释包含着古今语言表达方式的转换。在当代对中国古代美学思想资源的阐释中，我们需要追求语言传达的严密性，需要对体验性、"指月"式的语言表述加以合乎逻辑的传达，以适应当下的美学学科规范。我们在阐释中国古代美学思想资源的时候，通过现代表述方法阐释象喻语言，文本阐释要尊重现代美学学术语言表达规律，超越古今语言表达差异，超越古今语义表达差异，把古代思想资源移植到当代，通过学科化的语言加以阐释。同时我们也要通过类比和格义，把古代思想资源的含义融合到现有的美学知识体系中。这是一种阐释，也是一种移植，关键在于中国古代美学思想资源在当代的表达效果。

总而言之，阐释是各学科必做的基本功夫，对于中国古代美学思想资源的继承和运用也不例外。中国古代美学思想资源具有可阐释性，并对当下审美实践有指导价值。我们需要尊重这些文献资源的客观性，在尊重文本的基础上进行阐释，重视不同文献资源的互相参证，反对过度阐释和强制阐释。我们要在继承前人阐释的基础上，根据美学学科的需要，站在美学学科的立场上，借鉴西方的阐释方法，在当下进行评价和阐发，在文献的基础上进行推论，在阐释传统的基础上进行富有创造性的发挥，实现美学思想资源的当代转化，让中国传统美学思想资源获得新生。同时，阐释中包含着继承和发展，我们也需要把它们放到当代美学学科的视野下，在现代语境中加以阐释，反对抱残守缺，要讲究系统性和完整性。我们当下与古人在美学思想资源方面的交流，一方面可通过感性的艺术品和创造物，另一方面更多地通过文献的理解和阐释来实现。而中国传统思想的表达方式也同样需要在阐释中得到继承和发展。

第四章 借鉴西方

一百多年来，中国学术界对西方美学的引进，是在西学东渐的大背景下进行的。当年的美学学科也与其他学科一样，被前辈们从西方引进过来。前辈学者如吕澂、黄忏华、陈望道、范寿康等人编译了一批美学著作和教材，把西方美学理论译介到中国来。这种引进西方美学理论的工作迄今已经持续了百余年，为中国学术界了解和学习西方美学作出了积极的贡献。而王国维、朱光潜、宗白华等人在学习和译介西方美学的同时，或结合中国古代文学艺术作品与审美实践进行参证，或参照中国古代的相关美学思想加以阐发，逐步开始整理中国古代的美学思想资源，以期在现代视野中研究中国古代美学思想。可见，借鉴西方美学的观念和方法一直是中国古代美学思想研究的重要措施。在经历了"西体中用"与"中体西用"的争论与探索之后，中国美学家逐步探索借鉴西方美学研究中国古代美学的具体方法，取得了可观的成绩。现在需要我们进行进一步反思中国古代美学思想对西方美学观念和方法的借鉴问题，以利于中国古代美学研究的现代化。

第一节　借鉴西方美学的必要性

前辈学者们曾经认为，学术是不分古今中西的，各种探索当以寻求真理为旨归。王国维在《国学丛刊》序中说："余正告天下曰：学无新旧也，无中西也，无有用无用也。"[1] 钱锺书在

---

[1]《王国维全集》，第十四卷，浙江教育出版社、广东教育出版社2010年版，第129页。

《谈艺录》序里说:"东海西海,心理攸同;南学北学,道术未裂。"[1]他们都强调了中西古今学术的统一性问题。中西古今的美学思想也同样如此。融合中西美学思想曾经是现代美学家的理想,但是在具体的融合过程中,则需要先借鉴西方美学的观念和方法,对中国古代的美学思想资源加以整理和阐发。

中国古代文献中有着丰富的美学思想,无论是哲学思想如先秦诸子、汉代经学、魏晋玄学、隋唐佛学、宋明理学和清代实学,还是历代的文论、乐论、画论、书论和舞论等方面的思想,乃至学者的尺牍和序跋等,都包含着丰富的美学思想。面对中国古代美学思想资源,国内美学界有着要不要重视中国古代美学思想资源的争论。有一部分学者认为中国古代美学思想零散而不成系统,缺乏严密的逻辑体系,缺乏理论形态,而且很多内容已经陈腐过时,算不上是一种有价值的美学理论,这些资源顶多只能补苴罅漏,在个别内容上对西方美学作一点补充。也有一部分学者认为,西方美学在中国的落地生根,获得研究和发展,就是中国美学。粗看起来,这些话也有合理的成分,对于历来注重兼容并包的中国学术来说,吸纳西方美学的精粹,加以发扬光大,同样是中国美学界为世界美学的发展作贡献,也有利于当下中国美学的发展,但这并不是否定中国古代丰富的美学思想资源的理由。

与西方审美思想相比,中国古代的美学思想尚缺乏系统性,更没有西方近代的学科体系形态,这就不利于我们对既往的中国

---

[1] 钱锺书:《谈艺录》,中华书局1984年版,第1页。

审美思想进行充分了解、全面继承和进一步的发展。中国古代美学思想毕竟没有被学科化、系统化，这就需要我们以西方的审美学思想为参照坐标，按照美学学科的系统对其进行整理，以适应当代的要求。借鉴西方既有的美学理论，有助于我们了解国外美学理论的发展，推动中国传统审美思想的变革和创新，将中国传统的审美思想推向世界，使其现代生命力在全球范围内得到发扬光大。

在西方美学理论的参照下更加深刻、准确地把握中国美学的特点，才能把中国传统的审美范畴和思想安置到中西方可以对话的层面，进而建立起全球视野下的中国美学理论体系。一方面，西方学者从他们的思维方式和学科特点归纳出来的人类共同的审美特征，许多是我们没法产生的，值得我们学习和重视；另一方面，人类有着大体相同的生理机制和心理功能，面对着共同的地球环境，在审美问题上有很多心同理同的见解，中西方许多英雄所见略同的成果，又是可以相互印证的。只有对西方美学理论和文化有较为深入了解的中国学者，才能在全球化视野中对中国美学理论作出现代阐释和创造性的发展，为世界美学作出自己的贡献。因此，以西方美学为参照坐标，借鉴西方的思维方式和基本观点梳理中国传统美学思想，建立全球视野中的中国美学，是非常必要的。

有些国内学者竭力反对运用西方美学方法解读中国古代美学思想资源，要求完整地、精准地、原汁原味地理解中国古代美学思想。他们担心，如果借鉴西方美学观念和方法，就会产生曲解和肢解。这种顾虑当然也有一些道理，以西律中、过度诠释、削足适履等现象在中国古代美学思想研究中确实不同程度地存在着。罗钢曾经把王国维看成是"德国美学的中国变体"[1]，这种评价是不贴切的。我们不能因为王国维借鉴了叔本华、尼采，就将王国维的美学思想看成是德国美学的中国变体，这正如我们不能因为佛学思想影响到了中国古代的意境思想，就把意境思想看成是印度佛教思想的中国变体一样。当然，尽管罗钢对王国维的评价未必准确，但是他所指出的这种现象本身值得我们警惕。在中国古代美学思想的研究领域，确实有学者把中国材料看成是西方美学思想的注脚。我们不可以简单地将中国古代美学思想材料和经验只是作为西方美学理论的佐证材料，而更应该关注其中深邃、丰富的原创性思想。

王国维的意境和境界等范畴，都是有中国古代思想的渊源和基础的。王国维的真感情与孟子所谓"大人者，不失其赤子之心者也"[2]以及李贽所谓"童心说"等是一脉相承的。王国维《人间词话》说"词人者，不失其赤子之心者也"[3]，连句式都与孟子相似。有研究者认为王国维的"赤子之心"说来自叔本华，显然是不当的。我们不能因为王国维翻译叔本华的著作用到"赤子之心"，用到"境界"，就说明这些范畴来自西方。我们不能只去西方近代思想中找类似的根据，而漠视王国维意境思想中的中国古代渊源。王国维在1903年到1904年间研究康德（他译

---

[1] 罗钢：《传统的幻象：跨文化语境中的王国维诗学》，人民文学出版社2015年版，第253页。

[2] 焦循著，沈文倬点校：《孟子正义》，中华书局1987年版，第556页。

[3] 《王国维全集》，第一卷，浙江教育出版社、广东教育出版社2010年版，第465页。

为汗德)、歌德(他译为格代)、席勒(他译为希尔列尔)、叔本华、尼采等人时,确实用到了"境界"和"境"等概念,但并不代表他的"境界"和"境"的概念没有中国思想渊源。在王国维之前,王世贞《艺苑卮言》、叶燮《原诗》等都用到了"境界"。至于"境",司空图就有"思与境偕"一说。他们都比康德要早得多。

王国维有试图打通中西的学术理想和追求,但不能因此否定他思想中的古代思想渊源。王国维的"隔"与"不隔"继承了前人的诗学观。"隔"与"不隔"是中国古代的常用词。佛教多有"隔"与"不隔"之说。在王国维之前,明清诗论和词论中就多次使用到了"隔"与"不隔"。明代费经虞《雅伦》云:"诗要到家,只是不隔。旅中房屋,器用饮食,虽济楚,毕竟隔一层。若到家,即竹树鸡豚,皆自家物。风雅但要如此。"[1]"到家"即指地道,造诣深厚,达到高超的境界。清代袁昶《于湖小集》卷二在《怀甯杂诗》后有评语:"昨得新安吴勉学刻大字本《文选》十二卷,无笺无评,文句不隔,意脉相贯,便于老来补读。"[2]说明作品意脉流畅,符合作品之为作品的质的规定性。王国维所谓"隔"与"不隔",涉及物我关系及其表达效果,而并非如有些学者所说,他排斥"比兴"和"隐"。

王国维的意境思想中,也有借用中国古代范畴的名称表述西方现代文艺思想的。例如"造境"和"写境"这两个概念,虽然中国古代也有不少用"造境"和"写境"评论诗、词、文章,但

---

[1] 费经虞撰,费密补:《雅伦》卷二十二,清康熙四十五年刻本,第16页。
[2] 袁昶:《于湖小集》诗四,中华书局1985年版,第92页。

是并没有把这两个概念对举,而且"造境"和"写境"在古代是两个近义词,与"造情"或"缘情"对举。王国维的"造境"和"写境"与古代文献中的"造境"和"写境"在具体含义方面是大相径庭的。我们需要中西参证,借鉴西方的美学理论和方法研究中国古代美学思想资源,但我们更需要真正揭示出中国古代美学思想的价值所在。

朱光潜对西方美学理论的态度,用他自己的话说就是"借光主义":"在这过渡时代,我也赞成采用借光主义,可是我只把它当作手段,不当作最终的目的。换句话说,我们要由摹仿进一步去创造。"[1] 这是一种借鉴西方为我所用的观点。在学习西方美学方法的时候,朱光潜借已有的中国传统的知识坐标去吸纳西方的思想,而不在意是否准确地理解克罗齐等人的本意。他对克罗齐、包括王国维等人的误读,目的也在于创造,在于服从真理,在于表达自己对真理的看法。他的这种做法类似于禅宗生成的"格义""格致",不追求原汁原味,而讲求思想对主体灵感刺激的功能。

中国古代美学思想虽然缺乏西方式的思辨形态,但不代表没有理论内容。中国古代美学思想中感悟性的隽语和点评能否整合为抽象的理论表述,通过阐释,揭示出其中的当代价值,回应时代和审美实践所提出的问题呢?答案是肯定的。如果我们漠视中国古代丰富的美学思想资源,以激进的态度要求全盘西化,秉持否定传统的民族虚无主义的观点,主张跟在西方学者后面亦步亦

---

[1]《朱光潜全集》,第八卷,安徽教育出版社1993年版,第29页。

趋，那么我们便是暴殄天物。这其实是一种文化殖民主义心态。有些学者虽然没有明确地这样主张，但实际上也默认了这种立场和价值观。而西方有些学者由于对中国古代美学思想资源缺乏了解，或者因一知半解而不认同，或者信奉西方文明中心主义，把西方美学看成是主流美学乃至正统美学，甚至是世界美学的全部。

因此，尽管不同的观点可以互补共存，求同寻异，共同推进美学事业的发展，但是我们不能只把西方美学看成是普遍性的，而漠视中国古代美学思想的丰富资源。这些中国古代美学思想资源同样具有普遍性的价值和意义。学习西方固然是必要的，但是文化的全球化不等于全盘西化，人类的文明方向应当是多元一体的。多元一体的世界美学需要不同美学思想之间进行对话讨论，使美学学科的体系和价值系统具有可通约性。世界各地的审美实践和审美创造，为我们留下了宝贵的遗产，各种文明中的美学思想都是人类的共同财富，未来的世界美学应当充分显示学术民主，充分体现各民族美学思想的精华，形成一个多元一体的世界美学体系。这种多元一体，既反对单一的普遍主义，也反对狭隘的民族主义。

滕固在讨论艺术问题时曾经强调民族精神和时代精神因素，要求建立符合中国艺术实际的审美观，破除西方中心论的美学观和美术观。滕固说：

> 近数十年来，西学东渐的潮流，日涨一日；艺术上也开始容纳外来思想、外来情调，揆诸历史的原理，应该有一转

机了。然而民族精神不加抉发，外来思想实也无补。因为民族精神是国民艺术的血肉，外来思想是国民艺术的滋补品；徒恃滋补品而不加自己锻炼，欲求自发，是不可能的事！[1]

他主张以本土为主，认为外来思想只能"滋补"，不能取代民族艺术，这种中外艺术关系观如此深刻、精辟，值得我们珍视。

中西审美实践是有一定的差异的，即使是人同此心、心同此理的内容，概括和归纳的角度与方式也有一定的差异，我们不能生搬硬套西方美学的模式。中国美学文献资料的整理，不能以西方美学为准绳，进入求同弃异的误区。西方汉学家是在西方视角的观照下进行研究的，他们对中国古代美学思想的探索值得我们学习和借鉴，但我们要有自己独立的研究方法，不能将中国美学思想当成西方美学理论的注脚。对于世界美学思想史的整体来说，中国美学思想史虽然是特定地域的美学思想史，是地方性审美经验的概括和总结，但是西方美学思想史也同样是地域美学思想史，同样是地方性审美经验的概括和总结，我们不能用西方美学思想史以偏概全，抹杀其他地域的美学思想史。全球各地文明中的美学思想应当多元互补，世界美学思想史不是全盘西化的美学思想史，我们要重视世界各国、各传统文明中的美学思想的差异性和丰富性。

与西方美学思想相比，中国古代美学思想积极地引导审美者

---

[1] 滕固：《滕固艺术文集》，上海人民美术出版社2003年版，第93页。

去体验和领悟审美对象，在语言上常常具有诗性的特征。这种引导性的内容与西方美学知识论建构的内容会有相当的不同。当然在中国古代美学思想的内部，其具体的思想形态也有着相当的差异。例如我们通常说老庄是道家的创始人，但是他们俩在具体阐释方式上有着很大的差别。老子主要通过范畴和概念发表论断，庄子则重在象喻，通过感性具体的寓言和诗性的比喻等方式启发读者领会他的思想。而后代的继承和创新，则融合了这两种思想，例如宋明理学中不仅融合了儒道释的思想，而且其中既有思辨的内容，又有画龙点睛的妙悟体会。这些特征可以在中西参证中得到充分的揭示。

中西美学尽管在理论形态和论证方式上截然不同，但是在具体美学思想上有着许多共识。因此，中西美学思想的相互印证是必要的。例如中西方美学思想的发展，都曾经经历过复古创新的问题，但正如一个人不能两次踏入同一条河流一样，中西文化中曾经所提倡的复古运动也是如此，所有的复古都是继承创新。西方的文艺复兴不可能真的回到古希腊，中国历代的复古，都不是真正地回到上古，而是一种拨乱反正。当然我们也不必讳言，中西美学思想有矛盾冲突，但同时也有对话和交融。例如中西诗画关系论，从实践到理论都有一定的差异。莱辛《拉奥孔》的归纳与中国古代的诗画关系的思想显然也有差异，但中西的相关思想都是有价值的，是可以相互借鉴的。因此，我们需要求同寻异，正确地对待中西的异同和互补。

中国古代美学思想作为中国古人审美经验的概括和总结，是人类共同的精神财富，理应获得重视。但是在当下语境，我们需要采取借鉴西方美学的观念和方法等措施,以国际学术视野揭示中国古代美学的价值。以西方美学为参照,重视中国古代美学思想资源中人类共同关注的问题,实现中国古代美学资源的当代转化,是适应中国美学现代化进程的需要。当然也有一些西方学者不满足于中国学者对西方美学的亦步亦趋,希望了解中国自己的美学思想。更进一步地说,在美学研究中,不仅中国古代美学思想研究可以借鉴西方美学的观念和方法,而且西方美学思想研究也可以从中国古代美学思想方法和视野中获得启发。这就需要我们重视中国古代美学的独特性,将它们在当代语境下发扬光大。但是在当下,对于中国古代美学思想的研究来说,我们首先应当借鉴西方美学的观念与方法,整理和研究中国古代美学思想资源,使之以现代形态为当代美学界所接受。

第二节 对西方美学学科形态的借鉴

研究中国古代美学思想的资源,需要借鉴西方美学的观念和方法,这是由美学学科的性质,以及它的历史发展和现状所决定的。中国传统美学资源中虽然包含着中国古人的灵心妙悟,包含着深邃的哲理性,但是在当下语境中,从全球化视野看,它的简约、零星和不够系统,不仅不适合于国外学者对它的理解和接受,即使不少当代中国学者,在阅读和理解上也发生了困难。这就需要借鉴西方美学的观念和方法加以改造和阐发。借鉴西方美学的观念与方法,对于中国古代美学研究是非常重要和必要的。中国古代美学思想的研究,不仅需要扎实的文献基础,而且需要西方美学的修养和全球化的视野，需要重视西方美学中现代科学精神的价值和意义。

从 1900 年前后开始，中国现代美学的先驱们把西方美学引入中国，在精研西欧学术的基础上，结合中国古代的美学思想和艺术实践，对中国传统美学进行阐发，揭示其当代价值，为中国美学研究走向现代开辟了方向。王国维、朱光潜、滕固、邓以蛰等人，曾经先后留学日本、英国、法国、德国、美国，学习了西方的美学方法，又以自身的中国传统的美学思想和艺术素养加以消化和吸收，为我们后世的美学研究树立了楷模，有力地推动了中国美学研究的现代转型，对后世具有深刻的影响和启示。

无论从学科建设的角度，还是从理论形态的角度，借鉴和学习西方美学的观念与方法都是非常必要的。赋予中国古代美学思想现代理论形态，确实有利于揭示中国古代美学的独特贡献与独特特征。我们现在需要思考的，主要是如何借鉴和学习的问题。美学学科从 1750 年鲍姆嘉通出版 *Aesthetica* 一书开始建立，不断丰富和深入，并且向前追溯到古希腊以来的美学思想，往后发展到近代通过实验的方法研究审美心理等。中国古代美学的研究，无论是中国美学思想的零星研究，还是中国古代美学思想史的撰写，一直以来都受到西方美学的学科范式、基本内容和美学思想史追溯的影响，受到西方美学方法论的影响。

从学科史的角度看，中国美学思想史的研究，是在引进西方美学的背景下，参照西方美学的观念和方法对中国美学思想资源加以阐发和整合的结果。美学学科作为现代学科，与 19 世纪到 20 世纪之交的各学科一样，都是从西方引进过来的。在此基础上，受西方美学的影响，王国维、朱光潜、宗白华等前辈学者们借鉴西方美学的形态和方法，从不同角度整理中国古代的美学思想资源，通过中国古代美学思想与西方美学思想相互参证，在比较、参照中揭示中国古代美学思想的独特价值，开中国美学思想史研究的风气之先，后续的诸多学者从各个角度对中国古代美学思想进行阐发。因此，近百余年来的中国美学思想研究的实践表明，中国古代美学思想史的学科形态既体现了中国古代美学思想的特点，在研究方法上也受到了西方的深刻影响。中国当代美学思想在学术范式、理论形态等方面，必须有可对话、可交流的形态，才能有利于中国古代美学思想资源的现代化和全球化。

从学科发展的角度看，在当下的环境中，借鉴西方学术规范是必要的。这样可以使中国古代的美学思想通过当下的学术规范得以接受。适应学术规范和方法的目的乃是为了让中国古代美学思想资源充分发挥作用。这也有利于在中西美学话语的对话交流中，通过外来思想的刺激而激活中国古代美学思想资源，从而跨越古代的语境，使其在当代语境中发挥作用。适应当代西方美学学术规范的目的，是要通过这种规范呈现出中国古代美学的精粹，让它们作为人类共同的美学遗产被更广泛地接受。

与其他人文学科相似，当前的世界美学处于一个多元交融的时代。我们既不可妄自菲薄地放弃自己，也不能情绪化地排斥西方，中国美学应该建立一个开放的、可对话、可融合的话语体系。因此，我们要重视美学学科的科学化和现代化。对于中国传统丰富的审美意识和美学思想资源，通过现代话语表达出来，只有表达，才有交流。只有让中国传统审美意识和美学思想资源科学化、学科化，重视表达的逻辑性，才能发挥出其当代的学术价值。

同时，中国美学思想史研究中必须体现出当代意识。中国美学和中国美学思想史作为一门独立的学科是现代中国学者参照西方美学建立起来的，是以现代学科意识和学科规范来对中国传统审美思想和艺术实践等进行梳理的结果。因此，中国美学思想史并不是材料的简单罗列，也不是古董的陈列，应该体现出新方法、新视野和新视角，尤其重视其当代意识和当代价值。这种当代意识在于它首先要有自觉的学科意识，从当代既定的学术规范来研究中国美学思想史。这就要求我们要按照国际通行的学术规范，将中国美学思想史的资源转化成在未来有生命力、可以与西方和其他文化体系中的美学思想进行对话的美学系统，以当代的视角和全球化的视角去审视，从中实现现代学术体系的规范和要求与中国美学思想史的内在精神的统一，并且从史料中发现前人所未曾发现的线索和独特的思路，体现当代研究的水平，以便对其补苴罅漏，张皇幽眇，为当代的中国美学理论的基本建设作贡献。

中西方美学思想的关系，具体表现为普适性与差异性的统一。同样作为美学思想的资源，中西美学思想中有"英雄所见略同"的共同性内容，也有各自不同的审美实践和艺术实践的概括和总结，包括有殊途同归的内涵，也包括一些互补的内容。甚至有些反美学的思想，中西方美学也有一些相似之处，如墨子的实用主义"非乐观"，柏拉图、奥古斯丁从理念和宗教的角度对诗的攻击等。再如中西美学在讨论物我关系中各自有着独特的探索,是同中有异的。这些相似之处是中西美学可以对话的共同基础。我们借鉴西方的学术方法,有助于更清楚地看到中国古代美学思想的独特特征。中国古代美学思想资源不只是在西方美学框架下对美学理论的一种补充,我们应该更加重视揭示其独特思维方式的内在逻辑,使它们成为多元一体的世界美学的有机组成部分。

借鉴西方美学方法研究中国古代美学思想,是建构多元一体的世界美学格局的需要。早在20世纪30年代,宗白华就具有"世界美学"的格局与眼光。宗白华在1920年就说:

> 将来的世界美学自当不拘于一时一地的艺术表现,而综合全世界古今的艺术理想,融会贯通,求美学上最普遍的原理而不轻忽各个性的特殊风格。因为美与美术的源泉是人类最深心灵与他的环境世界接触相感时的波动。各个美术有它特殊的宇宙观与人生情绪为最深基础。中国的艺术与美学理论也自有它伟大独立的精神意义。[1]

我们要把中国古代美学思想研究放在建设多元一体的世界美学的背景下去理解。

---

[1]《宗白华全集》,第二卷,安徽教育出版社2008年版,第43页。

第三节　前辈美学家的借鉴尝试

在具体的研究角度和方法运用方面，前辈学者们作出了各种尝试，其中的经验和教训都值得我们借鉴和反思，也启发了我们进一步借鉴西方美学的观念和方法去研究中国古代美学思想，通过借鉴西方美学的观念和方法，挖掘中国古代美学思想资源的当代价值。陈寅恪在《王静安先生遗书序》中总结王国维三条治学方法的第三条是"取外来之观念，与固有之材料互相参证"[1]，这实际上是王国维早期学习西方的尝试和探索，是一种比附研究。通过中国美学思想印证西方美学思想，当然也是比较中的一种尝试。其中虽然有一些有益的探索，但终究不能作为中国古代美学思想研究的普遍方式。我们在美学研究中，不能局限于外来观念与中国材料的统一，也不能局限于用中国古代美学思想去印证西方美学，更不能因为中国古代美学思想与西方现代美学思想相似而引以为豪，仿佛因中国古代美学家沾了西方现代美学家的边就可以沾沾自喜。意大利学者沙巴蒂尼在《朱光潜的〈文艺心理学〉中的"克罗齐主义"》一文中曾经把朱光潜对待中西美学的态度比喻为移花接木，任何比喻都是蹩脚的，这个比喻也是不当的。任何一种有创造性的美学思想本身不可能只是一种嫁接，而且嫁接顶多只能是研究建构美学理论的一种尝试，不能以偏概全。沙巴蒂尼还将朱光潜思想中的传统成分限制在道家，也显得

---

[1] 陈寅恪：《王静安先生遗书序》，载《王国维遗书》，第一册，上海书店出版社1983年版，第2页。

有些狭隘。

中国现代美学家王国维、朱光潜、滕固、邓以蛰等人,学贯中西,具有自觉的方法论意识。他们既借鉴西方方法,为己所用,又以中国自身的本土理论来印证西方理论,通过自觉的比较,融通中西,互为参证,创造性地表达自己的观点和思想,形成了自己独特的美学方法论。他们借鉴西方学理来提升中国古代美学思想的现代表达,使之更加有条理,让中国美学与世界接轨,为中国古代美学思想走向世界奠定基础。他们善于将中西方艺术及理论进行形象而生动的比较和交融。更重要的是,他们重视借鉴西方的科学方法,促进了中国古代美学思想的现代转化。他们由借鉴西方美学方法所形成的自己的研究方法,对我们建构中国美学体系具有重要的借鉴意义。

王国维借鉴西方如康德、叔本华等人的观点来解释中国美学思想。这不仅可以使中西比照阐释,而且使传统中国美学资源获得了现代学术形态。他力图依托西方美学体系来建构中国美学体系,积极推动中国美学的现代化。他重视康德以后近百年西方美学思想,结合中国传统对其进行阐释,并用相关概念范畴对中国古代文学进行阐释。王国维早期更多地借鉴了西方的美学思想如康德、席勒、叔本华、尼采和泡尔生等人来阐释中国的文学艺术,建构"境界"等话语范畴,而后期则主要立足于中国思想而借鉴西方的方法,将中西融通起来,如对于"自然"范畴的阐释等,从而在话语上作出自己的创新。这是王国维话语建构的历程,也是中国现代美学界乃至整个人文科学界话语体系建构的写照。尽管王国维有以西格中、牵强附会的不足,对于这位中国现代美学的先行者、探路人，我们应当采取宽容的态度，充分肯定他的积极的尝试对于中国美学思想史发展的价值和意义。

朱光潜是通过比较来实现参证和中西融通的。这种比较方法首先体现在他的《悲剧心理学》一书中。《诗论》是朱光潜1933年回国后备课时逐步写出来的。在《诗论》中，他对中西诗论进行了比较融通。早在1942年《诗论》"抗战版序"中，朱光潜就说："一切价值都由比较得来，不比较无由见长短优劣。"[1]朱光潜主张在比较中判断，以建设中国当代的学术，要看出"固有的传统究竟有几分可以沿袭"，"外来的影响究竟有几分可以接收"[2]。在他的论述中，形象直觉与静观自得、心理距离与超然物表、移情作用与物我同一，这些中西范畴是融通的、互补的，它们通过创造性的阐释而获得现代价值。

钱念孙将朱光潜的中西参证方法称为"相互阐发法"。他认为朱光潜"既运用从西方文学总结出来的理论阐发中国文学，也用从中国文学总结出来的理论阐发西方文学，使两者在对比互照中见出各自的特点，也显出共同的文学规律。"[3]这样，一方面可以补充中国传统的不足，也使得西方的学说和文学在中国更容易被接受，同时还从中阐发了朱光潜自己的独到见解。劳承万也说："在《诗论》中，最大的特点与优点，是以西方诗学理论来研究中国诗的现象，又以中国诗学理论来印证西方诗论，其实这

---

[1]《朱光潜全集》，第三卷，安徽教育出版社1987年版，第4页。
[2]《朱光潜全集》，第三卷，安徽教育出版社1987年版，第4页。
[3] 钱念孙：《朱光潜：出世的精神与入世的事业》，文津出版社，2005年版，第62页。

就是中西诗学的一种融合与贯通,是一种深刻的比较研究。"[1]朱光潜的这种尝试,为中国 20 世纪以来的比较文学研究开辟了崭新的道路。

在《文艺心理学》和《诗论》等著作中,朱光潜以中国传统的以感物动情、物我双向交流的思想来解释西方的移情思想。他还对中西诗歌进行比较参照和阐发,在消化阐释中创新。在比较中熔铸独到的、适宜于中国实际和时代要求的方法论。

沙巴蒂尼之所以认为朱光潜的思想是接了中国传统的道家之木,是因为在他融通中西的理论构建与方法中能够窥见老庄哲学朴素辩证法的影响。如朱光潜提出"美感经验就是形象的直觉"[2],其中的直觉只见事物的形象而不见意义。中国的道家思想中也有着与这种排除了意志的"直觉"相近的观念。因此,尽管朱光潜受西方无功利思想的影响,批判了狭隘的实用主义,但他的艺术超脱论正体现了审美的精神,实际上更体现了道家精神,正是西方思想的影响强化了道家思想对他的影响。不过,在他的人生观中,道家最终又只是达到目的的手段,他仍是以儒家为终极目标的。无论是他在香港大学挂在宿舍里的"恒恬诚勇"的条幅,还是 1921 年在《怎样改造学术界》中提出的"此时、此地、此身"的三此主义,都是积极进取、直面现实的儒家精神的体现。

在学习西方美学方法的时候,朱光潜借已有的中国传统的知识坐标去吸纳西方的思想,而不在意是否准确地理解克罗齐等人

---

[1] 劳承万:《朱光潜美学论纲》,安徽教育出版社 1998 年版,第 170—171 页。
[2] 《朱光潜全集》,第一卷,安徽教育出版社 1987 年版,第 214 页。

的本意。他对克罗齐、王国维等人的误读，目的也在于创造，在于服从真理，在于表达自己对真理的看法。他的这种做法类似于禅宗生成的"格义""格致"，不追求原汁原味，而讲求思想对主体灵感刺激的功能。因此，朱光潜的移花接木和补苴罅漏具有创造性的特点。

前辈美学家的种种尝试表明，借鉴西方美学的观念和方法，有利于我们在中西美学的比较参证中揭示出中国古代美学思想的当代价值。通过比较参照，我们可以发现中西美学的联系和区别。通过比较参照，以西方美学观念和方法审视中国美学中的相关思想，我们也可以从中进一步发现中国古代美学思想的特点。宗白华在《关于美学研究的几点意见》中说："要在比较中见出中国美学的特点。"[1]因此，我们应当通过比较视野，揭示中国古代美学思想的精髓和中西美学的差异所在。如王国维由叔本华理论反思中国传统悲剧大团圆结局是具有启发意义的；朱光潜、邓以蛰等人都曾经重视中国古代关于直觉体验的思想与克罗齐的相似之处；宗白华、方东美透过柏格森、狄尔泰等人的生命哲学思想，借助他者的眼光和视角，理解中国古代阴阳化生等美学思想中的生命意识；朱光潜和滕固都通过里普斯的移情说参证中国古代的心物交融说；马采也运用里普斯的"生命感情"与谢赫六法的"气韵生动"参照互释等，凡此都推动了我们对中国古代美学思想资源在当代的理解和阐释，至今对我们仍具有参考价值。

尽管在今天看来，虽然前辈美学家的探索带有一定的历史局

---

[1]《宗白华全集》，第三卷，安徽教育出版社2008年版，第592页。

限性，并不都是恰当的，尤其在早期，他们在运用西方美学的观念和方法方面有生搬硬套的痕迹，但无论如何，前辈美学家们的积极尝试，为我们的进一步探索提供了基础。他们开辟了研究中国古代美学思想的方向，导夫先路——在以西释中、援西入中、以中化西等方面的尝试中为我们积累了宝贵的经验和教训。他们更多的是立足于中国现代美学的学科建设来借鉴西方，继承传统。因此，我们不能苛求王国维、朱光潜、宗白华等美学先驱。而今天，我们借鉴西方美学，既要保持中国传统美学思想资源的本土特征，又要适应全球化的需要。这不仅有助于中国现代美学学科建设，而且还可以为世界美学贡献中国古代美学的智慧。

第四节 借鉴西方美学的具体方式

中国古代美学思想资源看上去不成系统的内容，有一个能否成为系统的问题。中国古代美学思想有着潜在的体系性。例如体大思精的《文心雕龙》和融通了儒道禅三家智慧的宋明理学美学等，都具有一定的体系性。而依托于中国古代哲学体系的美学思想，诸如气本体、天人合一、阴阳化生、虚实相生等这些在美学上具有重要价值的命题，都是潜在地处于一个哲学系统中。这种体系性不仅是对中国传统美学思想的揭示，更关系到这些中国古代美学思想能不能获得阐释，能不能彰显其独特价值，使中国传统美学思想的资源能够参与全球化美学建设的进程。我们通过学习和借鉴西方美学的方法，有利于我们揭示中国古代美学思想的潜在体系和独到见解，使之在当代语境中呈现其价值，为最终建构多元一体的世界美学作出贡献。

西方美学传入中国,与中国古代美学思想资源相遇,既有不相适应和不相契合的形态,又必然地影响到了中国古代美学思想资源的整理、激活和阐发。中国传统美学思想中有许多精湛的思绪,需要借鉴西方美学作学理的提炼。其中存在着聚焦核心范畴和概念的问题,存在着与当下对话、与西方美学对话的问题,需要超越古今、中西的差异,进行磨合。促进东西方美学思想的交流、碰撞和融合,打通中西古今是我们的长远目标。我们要让中西美学思想在碰撞中实现融通,揭示其具有普遍价值的意义。中国古代美学思想的当代价值,在于它与西方美学尤其是西方当代美学的交流对话,需要通过中国当代的审美实践去激活。

在研究中国古代美学的过程中,我们需要借鉴西方的美学观念和方法。借鉴西方,有助于推进中国古代美学资源的创新。我们需要对中国古代美学资源进行现代化重建,要让中国古代美学思想资源适应现代学科的需要。中国古代的美学思想重体验、重感悟,常常采取象喻等方法加以表达,其中确实有着独特的智慧,引导和启发人们领悟许多可以意会、难以言传的内容。但是在跨文化跨语际的交流中,在强调中国古代美学思想资源价值的同时,我们也需要重视包容性,反对狭隘的民族主义情绪,充分意识到中国古代美学思想资源在当下中国美学界,特别是国际美学界接受的局限性。中国古代美学思想缺乏西方学者所习惯的明晰性和逻辑性,这就需要我们借鉴西方美学学术观念和方法加以整理,把象喻等表现形式和内涵丰富的直觉感悟的话语,用严密的科学语言加以阐发,使它们在当下美学语境中焕发生命力。

中国古代的美学思想资源，可以通过西方美学理论思辨的形式和严谨明晰的现代学术语言形式加以呈现。中国古代美学思想中有感悟，有妙悟，但是不够严密、周延和精准。同时，"理喻"是中国古人讲道理的方式。中国古代美学思想中，常常运用理喻的方式，通过理喻在学术圈交流，否则如果不可理喻，就无法沟通。在语言表述上，中国古代美学思想常常运用譬喻、类比、格言等，目的在于引导人们理解所交流的意义，但是这些传统的表达方式在当代的交流理解上有一定的局限。因此，在当下研究中国古代美学思想，需要重视理论论证，使其更趋于严密。例如其中取象类比是审美的思维方式，但不是美学理论的研究方式。重视理论论证的目的，是为了让不确定、诗性的，甚至容易引起误解的语言、语义得以固定，使传统取象比类的表达方式更为精准、明晰。虽然现代汉语已经在一定程度上借鉴了西方语言的表达方式，但是我们需要进一步借鉴西方美学话语加以传达。这样虽然有可能会牺牲掉中国古代美学思想的一些精微之处，但总体上更有利于接受。

在研究中国古代书画理论的时候，邓以蛰对于中国古代文献的梳理、分析和归纳方法，也取之西方，阐释精准、明晰，力求出新意。在《画理探微》里，邓以蛰重视借鉴西方的方法对中国传统美学思想作学理的提炼与概括，对已有的范畴作适当的梳理。他从中西比较的视野中对艺术作美学和艺术规律性的探究，讨论其生命和价值，其论文的条理性受到了现代学术的影响，借鉴西方而不失传统方法。

滕固受到了马克斯·德索的影响，重视美学与艺术学的联系与区别。滕固说：

> 诗要求画，以自然物状之和谐纳于文字声律；画亦要求诗，以宇宙生生之节奏、人间心灵之呼吸和血脉之流动，托于线条色彩。故曰，其结合在本质。[1]

滕固借鉴西方现代学术语言，从审美角度阐释了艺术与文学及其相互关系，提出了自己独特的见解。在表达方式上，邓以蛰尽量用中国人能够接受的方法进行写作和论证。在中西比较中，邓以蛰以中国人的视角撷取西方美学术语对中国传统的美学范畴加以提炼和整合，造就了适合中国现代社会的美学话语。

西方汉学家们在研究中国古代美学思想的时候，会不自觉地对中西美学思想进行比较和参证。这与他们从学生时代开始所经历的学术训练和学术基础有关，他们大都接受过系统的西方学术观念和方法的教育与训练。在分析中国古代美学思想的时候，他们就会不自觉地进行比较和参证。这种比较和参证当然也可以发现中西美学思想的相同或相似之处，但更重要的还在于揭示出中国古代美学思想的独特特征和独特价值，敏锐地感觉到中西之间的差异。他们在研究中会有自觉地融合中西美学思想的意识。但是，由于中国古代美学思想迄今尚未能获得充分的整理和阐释，我们如果只是简单地作比较和融合，便会显得比较肤浅，甚至武断。因此，借鉴西方美学的观念和方法研究中国古代美学思想，

---

[1] 滕固：《滕固艺术文集》，上海人民美术出版社2003年版，第59页。

就需要以准确地阐释中国古代美学思想文本为基础。

西方汉学家在理解和接受中国古代美学思想资源的过程中，适度地运用西方的方式加以理解和接受，目的是走向现代化，值得我们借鉴。而中国古代的话语方式虽然与现代西方话语方式截然不同，但依然包含着有价值的元素。即便是国内有些学者在做西方美学的翻译时，也是有我们主体的文化背景的。朱光潜在翻译西方名著的过程中，就借鉴和参照了不少中国古代美学思想的观念。

中国古代美学思想有着独特的气质和品格，在它的历史延续性中体现着自身的规律。把中国古代美学思想资源比附到西方美学思想体系中，求同弃异，是不合适的。我们不能试图运用中国古代美学思想资源去填充西方美学的框架和系统，而更应该从中国古代美学思想资源中揭示其内在逻辑和框架，归纳其中的规律。中西美学思想在互译的过程中，人们常常在目标语言里寻找对应的词或大体相近的词加以表达，目的在于帮助读者理解，但是也会导致一些误解，以至于有时候中国古代美学概念不得不用汉语拼音来表达，如道（Tao，Dao）、本体（Benti）等，防止发生误解。这是需要我们权衡利弊得失的地方。

中国古代美学思想作为一种丰富而深邃的资源，存在着现代转化的问题。我们通过借鉴西方美学的观念和方法，既使中国古代美学思想的资源基于中国古代哲学思想潜在体系的基础，又使它脱离原来的学术语境，进入到当下的学术语境中，让中国古代美学思想资源以现代理论的特征形态加以呈现，把中国古代美学加以现代化并进而全球化。王国维《人间词话》形式是传统的，精神内涵是现代的。在他的美学研究中，既用了一些西方的美学概念，也用了一些中国古代美学思想的概念，并在现代语境下赋予它新的意义，也是一种有益的尝试。这种对中国古代美学思想的转化，无论是创造性转化，还是转化性创造，都离不开借鉴西方美学的观念和方法，从中国古代美学思想资源中提炼话语，深化思考，使中国本土话语系统在多元一体的全球框架下实现其当代价值，利用中国古代美学思想资源参与中国当代美学话语体系建构，乃至世界美学话语体系建构，以自身的学术实力进军国际美学界。

总而言之，中国古代的美学思想丰富多彩，其中体现了普遍性与特殊性的统一，是中国乃至世界的宝贵精神财富，值得我们珍视和继承发展。由于时代的隔阂，中国古代美学思想资源对于当下中外学者来说，在接受上受到了一些局限，也影响了人们在更大的范围内对它们的继承和发展。这就需要我们通过借鉴西方美学的观念和方法，对中国古代美学思想进行阐发，加以理论整合，形成严密的、国际性的话语体系和范畴系统，激活中国传统美学思想的内在生机。我们不但要尝试以西释中和中西互释，而且要在吸收、借鉴、参照西方美学的过程中，结合当代审美实践提出问题，呈现出中国古代美学思想普适性与差异性有机统一的基本特点，最终实现世界美学的多元互补。

第五章
整合概念

中国古代哲学思想有自己的概念系统，而依托于中国哲学思想传统的中国古代画论、书论和诗论等，其概念又在此基础上彰显各艺术门类自己的特点，出现了一系列的术语、范畴和命题，贯穿在整个美学思想体系之中，充分彰显了中国古代美学思想的特征。这些概念有着自发的潜在系统，又在探索的过程中不断生成新的概念，需要我们在尊重中国古代美学思想特征的基础上，从适应当代美学学科要求的基础上，进行理论建构，使中国古代美学概念的资源得到充分的阐释，在中国古代美学思想体系的建构中呈现其价值。先秦孔子强调"正名"，荀子强调"名定而实辨"，韩非子强调"循名责实"等，都是在强调概念研究的重要性。

第一节　美学术语的基本特征

概念是对事物规律和特征加以概括的名称，是知识的体现，是一个学科的理论基础。中国古代许多美学思想通过凝练的美学概念得以呈现。在中国古代的概念体系中，我们可以把概念分为术语（一般概念）、范畴（核心概念）、命题（用短语或短句所呈现的概念）三个方面。因此，美学概念的基础是美学术语，美学范畴是美学中的核心术语。广义地说，所有的美学范畴都是美学术语。而命题的含义，则是比术语更明晰、更丰富的表达。成复旺主编的《中国美学范畴辞典》把美学的术语、范畴和命题等都统一在"范畴"的名称之下，他自己在《引论》中也承认是"统而论之,不作严格区分"。[1]中国古代的美学概念,存在于中国古代的思想文献之中,与西方美学有内容类似和相近的概念,但是也有着更多含义不同的概念,这正是中国古代美学独特价值的基础。

术语主要指本专业的专有名词,或在本专业有独特的含义的一般名词,是专业内的一般概念和基本概念。中国古代大量的美学概念,包括术语、范畴和命题,都是基于具体生动的审美现象的概括。我们在当代使用这些概念的时候,特别是把它们带进全球化语境中的时候,需要根据当下的学术规范,尽可能对它们加以科学的界定。西方不同的理论家在使用相同的概念的时候,含义有所不同,他们也都会各自作出清晰的界定。

中国古代的美学术语,具有开放性特征。术语通常是名词,或名词性的词语,其中包含着单一名词与合成名词,常常由近义词词素和反义词词素构成双音词,在新的组合中拓展自己的表达能力,从而扩大术语的运用范围,使审美现象中的丰富意蕴不断地得以表达,是阐释思想的一种有效工具。在历代的注经著作中,也有对字词的简要解释,但是与西方从学科的角度定义是明显不同的。具体的术语虽然有提出的背景,有独特的视角和问题意识,但主要是作为工具使用,需要运用相关的词素,从方式、途径和效果等方面加以整合。

中国古代的美学术语,大多并非纯抽象的。西方的美学术语大都是抽象的,与西方不同的是,中国古代的术语,大都具有名

---

[1] 成复旺主编:《中国美学范畴辞典》,中国人民大学出版社 1995 年版,第 1 页。

词的性质，也有不少是感性具体的，运用描述和比喻等形象性的语言。中国古代的术语常常具有具象特征，并且从具体审美现象中凝练范畴。其中反映了古人重视审美体验和类比的思维方式。比如妙、神、象、风骨、气韵等范畴之间有一定的逻辑关系，有一个线索存在。中国古代的文字和语言表达有着摹物等感性特点。中国古代运用语言摹拟外物情态，摹拟中有概括和归纳，许多术语中包含着具象特征。古人通过感性形态揭示其本然面目和特征，用近取诸身、远取诸物的比拟和抽象方式看待外物，如"瘦硬""丰腴""疏野""枯淡"等各种艺术风格和审美风格，阴阳、五行也是一种抽象和归纳的结果。许多术语，出自主体的直觉体验，以通感和诗性的思维方式加以表达。中国美学中的味和滋味，乃是从感官的生理体验到心理体验（从官能肉体的感受，拓展到心灵的体验），是一种超越视听感官的心灵体验的描述，是运用感官感受对心理感受比拟性的表达。包括作为动词的运用，用味表述心理体验和感悟。"滋味"等概念最初原本是一个具体感官味觉的名词概念，经过刘勰和钟嵘等人在诗文批评中的运用，逐步上升到具有普遍规律的核心概念，即范畴。我们在今天的继承和发展中，需要科学地加以界定。

中国古代美学术语在约定俗成的语境下加以使用，许多术语的内涵和外延常常没有作过严密的逻辑界定。从现代学科角度讲，需要借鉴西方的理论方法和逻辑规范作界定，当然在其中保留其中国古代的特点和优点也是必要的。艺术家们所用的术语虽然有感性、随意的一面，但是它们是实践经验的总结和表达。它们主要在学术共同体内部交流，根据具体语境和上下文领会其含义，或者在长期的使用过程中有具体明确的含义。中国古人虽然没有严密而明确的界定，也在利用语言的张力，表达更加丰富而精微的思想。有些术语，不同的学者有时措辞会有一些差异性，有的甚至显得随意，例如在一些书信之中的交流，也缺乏严密的逻辑界定。

中国古代美学术语大都是在哲学术语的基础上，结合文学艺术实践向前延伸的。它们虽然延伸到具体学科，会有含义的差异，但是我们对它们的解读，依然可以以哲学概念为参照。哲学术语与艺术如音乐、绘画术语的结合，气韵就是一例。在思想的展开过程中，气韵在中国古代美学中日渐呈现出核心术语的特点，成为美学范畴。

艺际交流对中国美学术语发展有着重要影响。不同门类艺术，曾经是综合一体的，后来逐渐分化。例如诗歌是中国古代诸艺术门类的纽带和灵魂，无论是诗书画的一体，还是诗乐舞的一体，乃至戏曲艺术、园林艺术都与诗歌有着密切的关系，都值得我们加以提炼。不同的艺术门类，多有借用、化用术语和范畴的情形。如"本色"本来源于绘画，移用于戏曲，"白描"也源自绘画，后来被用到小说评点之中。再如绘画中所谓"色调"，是绘画对音乐知识的借鉴。我们需要从人文学术思想的总体背景中提炼美学思想，美学术语的提炼也同样如此。

中国古人从物我关系中审视审美现象，提出美学术语。心物关系是审美活动中的核心关系。中国古代美学的术语、范畴和命题中，有一个重要的传统，就是审美活动中的物我关系，包括意与象的关系、情与景的关系等一系列概念形成了优秀而源远流长的传统。从《周易》的"立象尽意"开始,到景中情、景生情、情景交融、情与景、情中景、情生景等,古人都是在探讨审美活动中的物我关系。

在汉语中,许多美学术语是本义的一种引申和拓展。借用日常术语,又超越日常一般的认知,赋予其审美的含义,具体表达主体的审美体验。中国古代常常以身体和生命比喻艺术作品的本体,许多人体形态和内在精神的术语被用来譬喻艺术作品和审美现象,从中体现出生命意识。其中既有有形肉体的骨、肉、血、脉、筋等身体的成分,又有无形的神、气、风等。中国古代学者通过生命意识来看待书画艺术,作为隐喻或转喻,用它们来形容书画的生意,以具体的物象表达抽象的意蕴。所谓的品味和品,是从味觉借鉴过来的术语,重在评价审美对象的层次、格调和风格。当然古代的这种拓展有的在今天看来也有不当之处,例如把五音视为相应的社会症候的象征与呈现,颇多牵强之处。不过,通过诗性思维方式所呈现的审美特征,依然有其启发意义。

美学术语的含义是不断地丰富、发展和深化的。一些哲学术语和艺术术语,发展成核心的术语,即范畴,衍生了若干相关的美学术语和范畴,其中体现了审美趣味的变迁。在具体美学思想的阐发中,一些美学术语词义的扩大、缩小、转移,以及情感色彩的变化,都推动了美学思想的丰富、深化和发展。有一些艺术门类的专业术语由于艺际相互借用,或者扩大了内涵和外延,在发展历程中成为重要的美学范畴。特定术语的含义在变迁过程中的丰富性,对我们继承发展意义重大。美学术语的生成和发展,影响着相关思想的进程,在今天看来,也影响着美学学科的进程。

第二节 作为枢纽术语的美学范畴

中国古代的范畴一词，源自"洪范九畴"，指天地大法的九类规则、九种类型，由于它的含义包括典范、模式的类型，在哲学领域被用来翻译亚里士多德的 Kategoria 和康德的 Kategorie，意指典范的名词和术语。范畴是历代学者提出的描述基本规律和特征的核心概念，是学科概念系统中的关键概念和核心概念，是本学科从具体事物和现象中概括和总结出来基本规律和根本特征，揭示了事物相互之间的联系。范畴经过学术史发展过程中的选优汰劣得以保存和流传，其中包含着思想家们的卓识。中国古代重要的范畴虽然在形式上未能得到科学的界定，但在学术共同体中其内涵有固定的含义，并且长期沿用，约定俗成，获得了继承和发展。

范畴具有普遍知识的价值和意义，比一般术语更为抽象，起着统领作用。它支撑学科，对学科起到统领作用。张岱年说：

> 简单说来，表示存在的统一性，普遍联系和普遍准则的可以称为范畴，而一些常识的概念，如山、水、日、月、牛、马等等，不能叫做范畴。[1]

与一般概念即术语相比，范畴属于大的部类一种概念，而一

---

[1] 张岱年：《中国古典哲学概念范畴要论》，中华书局2017年版，第5页。

般概念属于子概念。范畴与一般术语的关系，类似于种概念与子概念的关系，种概念与属概念的关系。"气""兴"等作为核心概念和种概念，就是范畴。范畴中包含着特定的范围和类型，是一种类概念。范畴中大的类概念衍生出小的类概念，如由"气"衍生出"气韵"。

作为美学一般概念的美学术语和美学范畴的关系，是相对动态的。中国古代美学范畴的形成和发展，有一个过程，并且与时俱进，逐渐演变。在美学思想发展历程中，人们充分意识到一部分美学术语对于美学理论的重要价值和意义，同样可以升格为范畴。中国古代美学思想的范畴是不断产生、丰富的，既有继承和发展，又不断有新生的内容。范畴的地位与具体美学术语的使用史和研究史有关。如"意象"术语在刘勰那里还是一般的概念，经过1700多年的使用，它就逐渐成了范畴。从学术史的角度看，美学范畴带有学科的特征，在美学学科概念中具有重要的地位和价值。

美学范畴在美学术语系统中，起到一种纽带作用。范畴在学科内更具有普遍性，在学科中起着支撑和骨干作用。范畴是一种种概念、类概念，有渊源的是种概念，有类型分别的就有类型差别范畴，有结点意义，揭示诸多术语之间的逻辑关系。范畴是体现特定现象基本规律和特征的概念。相比于一般美学术语，美学范畴更进一步体现了审美的内在规律和内在联系，从中体现了一定的系统性和体系性。范畴的系统性特征，包括内在特征和外在范围、界限。许多中国哲学的范畴，理论本身就是抽象的，但对于美学来说，抽象的理论又是奠定在具体的现象之上的。

一方面，中国古代美学范畴植根于中国古代哲学范畴；另一方面，古人又从艺术创作和批评实践中提炼出一些范畴来。中国古代美学思想是有潜在体系的，这个体系是以中国古代哲学思想中独特的范畴体系为基础的。从老子开始，中国古代哲学的范畴有一个潜在的逻辑系统。美学范畴及其系统乃由哲学范畴转化而来，如"道""气"由哲学范畴向美学范畴转化。其中体现了古代哲学家的世界观。中国古代哲学思想中的阴阳、五行、形神、和等范畴，都是从事物中概括总结出来的一般规律，其中也包含着审美规律，体现了自身的系统性。在美学思想的发展历程中，许多范畴经历了从哲学范畴到艺术范畴的转变过程。风骨范畴从人物品评拓展到对艺术品风神和风格的评价，再上升到具有普遍性的审美范畴。许多美学范畴源于哲学思想，是中国古代哲学思想的展开，与哲学思想及其潜在系统有着密切的关联，如《老子》和《周易》等思想中的美学范畴。意境范畴是在佛学思想的启发下，对意象思想研究的补充和深化，指"意象的境界"。王夫之从佛教因明学中借用的"现量"说，也是对哲学范畴的移用。中国古代美学思想中的范畴常常讲究词义的对称，体现了相反相成的对立统一和相辅相成的辩证统一。相反相成如阴阳、动静、虚实、言意、形神、巧拙、清浊、疏密、文质、雅俗、阳刚与阴柔等反义或相对应的词素构成的范畴，具有辩证性的特点。中国书法中的黑白、浓淡、枯润等，都是相反相成的范畴。它们都从传统的一般哲学术语到哲学的元范畴，又被移用到具体审美范畴。

中国古代美学思想和各门类艺术思想中的范畴，都依托于中国哲学中潜在的逻辑系统，同时又从艺术实践中提炼范畴，或在整合中体现两者的统一。例如节奏和风格与阴阳的关系，五音与五行思想的关系，作品中的虚实、动静、形神关系，乃至言意关系等，都是从哲学系统出发影响到艺术欣赏的。中国艺术思想不只是借鉴哲学范畴，而且在本质上体现着哲学精神。这也是由哲学本身体现事物普遍规律的特质所决定的。许多源自哲学的美学范畴被运用到艺术作品的品评之中。例如，"气韵"就是在抽象的"气"的范畴的基础上，基于具体的音乐韵律内容，形成一个新的虚实统一的"气韵"范畴，其上承哲学理论，下启具体的艺术特征。再如"形神"，谢赫《古画品录》中的"形色""神气"等，都是形神范畴在中国美学中的具体展开。美学范畴既有从基本哲学思想中抽取的，也有从艺术创作和批评实践中概括和总结的。中国古代美学思想中的范畴，有许多是对艺术创作、作品本体和欣赏现象的概括和总结。古人常常从具体的思想表述中提炼范畴。

范畴包括本体范畴和风格范畴。诸种艺术风格范畴，正是审美意象个性风采的呈现。更多的美学范畴是从长期的艺术实践中提炼出来的，在后续的思想发展历程中得以丰富和成熟，并且指导和评价后续的审美实践。例如墨戏作为绘画范畴上升为一个美学范畴。再如意象的范畴，可以用来评价现代艺术、西方艺术，获得普遍的价值和意义。许多美学范畴源自具体的艺术范畴，后来又拓展为更为抽象的文化范畴。

历代各种艺术风格的名称，就是典型的源自艺术作品的审美范畴。中国古代对诗词等文学作品和书画、乐舞、戏曲的研究，概括出多种艺术风格，体现了基于意象的意境整体的特征。其实在审美对象中，也存在着各种风格类型，只是在艺术作品中更为典型，并通过艺术语言加以固定。其中既有与西方艺术风格相同或相通之处，如阳刚与阴柔、豪放与婉约、优美与壮美、悲壮等，也有着各种具体的中国独特的审美风格。其中主要以清（如清雅、清奇、清丽、清婉、清扬、清越、清辩、清远等）、淡（如平淡、淡泊、冲淡、古淡、闲淡、枯淡等）、远（如清远、悠远、闲远、萧散简远）、逸（如飘逸、野逸等）等具有代表性。而风骨（包括风力、骨力、格力等）则体现了特定风格的神采。中国古代常以"品"称艺术风格，也有以"势"（如王昌龄《诗格》中的《十七势》）等概念描述风格。署名司空图的《二十四诗品》（雄浑、冲淡、纤秾、沉着、高古、典雅、洗炼、劲健、绮丽、自然、含蓄、豪放、精神、缜密、疏野、清奇、委曲、实境、悲慨、形容、超诣、飘逸、旷达、流动）最早，后继有清代黄钺的《二十四画品》（气韵、神妙、高古、苍润、沉雄、冲和、淡远、朴拙、超脱、奇僻、纵横、淋漓、荒寒、清旷、性灵、圆浑、幽邃、明净、健拔、简洁、精谨、俊爽、空灵、韶秀）和清代魏谦升的《二十四赋品》等。直至今日，依然有人仿作《二十四书品》等。二十四在中国古代是吉利的数字，故多沿袭使用，不代表穷举了，也不代表二十四种风格是严格区分了这些风格的不同，其间未必有严密的分类，也未必穷尽。

范畴之中又有元范畴和复合范畴。元范畴一般是一种单一范畴，是组成复合范畴的基础。和一般美学术语一样，中国古代的美学范畴有着衍生的特点。中国古代的美学范畴是历史生成的，范畴内涵的扩展和变迁，体现了词义的衍变规律。上古更多的是单音词元范畴，如气、韵、神、象、意、境等。后来组合、衍生了诸多的双音词复合范畴，若干范畴衍生出系列范畴。在美学思想的发展历程中两个元范畴可以熔铸成新的复合范畴。不同范畴加以组合，各自构成诸多范畴，体现了生命意识，如"骨"形成了"风骨""骨力""骨气"等一系列新的术语和范畴。在美学概念体系中，元范畴以单字为基础，由元范畴通过组合衍生出双音词复合范畴。中国古代美学思想中，有众多的由观、韵、趣、味等元范畴所组成的双音词复合范畴。如"观"作为元范畴，则有"观物""观道""观妙""观化"等；"韵"作为元范畴，则有"气韵""韵致""风韵""神韵"等；"趣"作为元范畴，有"情趣""理趣""逸趣"等；"味"作为元范畴，则有"趣味""滋味""韵味"等。唐代将"兴"与"象"两个元范畴整合成一个复合范畴"兴象"，使其含义获得了拓展和深化。

第三节　命题作为术语和范畴的源泉与展开

美学命题表达一种对审美规律和特征的判断，陈述美学家的一种观点，通常是短语或短句，言简意赅，说出了自己独到的见解和理论主张。西方如古希腊西摩尼得斯的"画是无声的诗，诗是有声的画"，法国十八世纪学者布封的"风格即人"，克莱夫·贝尔的"有意味的形式"，海德格尔的"语言是存在之家"等都是命题。中国古代则有虚实相生、刚柔相济、气韵生动、澄怀味象、传神写照等一系列的命题。我们需要在比较中西命题异同的基础上，揭示出中国古代美学命题的价值和意义。

经典命题能否视为范畴，是值得我们讨论的。不过，它们通常起着范畴的作用，只是在分类的逻辑意义上有探讨的价值。成复旺主编的《中国美学范畴辞典》，其中所收的条目，包括中国古代美学思想中的重要范畴和重要命题，也包括许多一般美学概念即术语。他把一部分重要的命题看成是范畴。其中的许多命题被后来的历代学者所继承、阐释和传播，值得我们今天发扬光大。如果从范畴形式的角度去理解它们，则有过于宽泛的不足。

命题是在实践的基础上依托理论，对术语和范畴的衍生。命题以范畴为基础，又衍生出新的范畴。气作为元范畴，是"气韵"复合范畴的基础，又衍生了"气韵生动"的命题，把现象和效果表达了出来。司空图提出的"韵外之致，味外之旨"，在韵、味范畴的基础上，进一步表达自己的思考。还有极少的命题与术语和范畴是重合的，如"物感""比德""畅神"等。它们是简洁归纳的动宾结构的双音词，实际上是命题的简称。新生成的范畴和命题，表达出更丰富的含义。尽管与术语和范畴相比，命题通常用词组、短语甚至句子表达思想，但在美学学术论文和著作的整体内容中，命题依然是一种抽象的表达方式。

在中国古代美学命题中，有许多是美学术语和范畴的展开，常常是学者在术语和范畴的运用过程中所提出的深刻见解，值得后来的学者继承和发展。中国古代哲学中的言意关系思想，包括"得意忘言"和"言不尽意"等命题，都是将哲学思想运用到文学艺术的批评之中。《文心雕龙·神思》所谓"意翻空而易奇，言征实而难巧也"[1]，就是言意关系思想在文学传达中的具体展开。后代截然不同的思想命题，也常常是在前人相关思想命题的基础上生发出来的。例如李贽的"发于情性，由乎自然"[2]，便是在《毛诗序》"发乎情，止乎礼义"[3]的基础上，提出的一个截然不同的主张。

古今中外美学家的伟大思想，常常都寓于命题之中。如中国古代老子的"大巧若拙""致虚极，守静笃"、孔子的"知者乐水，仁者乐山"[4]、孟子的"以意逆志"[5]、顾恺之的"迁想妙得"[6]、刘勰的"感物吟志""情以物兴""物以情观""神与物游"[7]等。其中的许多命题作为著名学者的判断和具体观点，是术语和范畴的具体运用，或作为术语和范畴的有效补充，或是凝练为术语和范畴的基础，具体、深刻地表达了美学思想，在思想的表述中有着重要的特色。"汉魏风骨""建安风骨""建安风力"，就是关于文学艺术作品时代精神的特定命题。

中国古代的许多美学命题，都是在实践的基础上依托于理论，对哲学术语和范畴的衍生。命题以范畴为基础，又衍生出新

---

[1] 刘勰著，范文澜注：《文心雕龙注》，人民文学出版社1958年版，第494页。
[2] 李贽：《焚书·读律肤说》，载《焚书 续焚书》，中华书局2009年版，第132页。
[3] 毛亨传，郑玄笺，孔颖达疏，陆德明音释，朱杰人整理：《毛诗注疏》（上），上海古籍出版社2013年版，第19页。
[4] 程树德撰，程俊英、蒋见元点校：《论语集释》，中华书局1990年版，第408页。
[5] 焦循撰，沈文倬点校：《孟子正义》，中华书局1987年版，第638页。
[6] 张彦远著，秦仲文、黄苗子点校，启功、黄苗子参校：《历代名画记》，人民美术出版社2016年版，第116页。
[7] 刘勰著，范文澜注：《文心雕龙注》，人民文学出版社1958年版，第65、136、493页。

的范畴。如道家提倡以大为美。老子提出"大巧若拙""大音希声""大象无形"的命题,庄子提出的"大美"的范畴,都在后世形成了一个传统。司空图提出的"韵外之致,味外之旨",在韵、味范畴的基础上,进一步表达自己的思考。再如从哲学上的"气"的范畴出发到书画美学中的"气韵""气象"范畴,再到"气韵生动""盛唐气象"等命题,把现象和效果表达了出来。由"象"衍生出"澄怀味象""象外之象"等命题,乃至进一步衍生出类似的新命题。"味象"是范畴,"澄怀味象"作为命题。顾恺之在"传神"范畴的基础上,从人物画的具体情境和评论中提出"传神写照"的命题。

相反相成的范畴也衍生出了一系列的命题,拓展了相关美学思想的丰富和深化。由文质范畴,出现了"文质彬彬""文不灭质"等命题。雅俗有关范畴的组合,则出现了"化俗为雅""俗为雅用""从雅到俗""以俗为雅""避俗尚雅""雅俗并陈"等一系列命题。《老子》的"大巧若拙"命题,涉及"巧"与"拙"的关系,又发展出了陈师道的"宁拙毋巧"、王世贞的"愈巧愈拙"。中国书法中虚实、黑白、疏密、浓淡、枯润等,都是相反相成的范畴。虚实范畴在中国古代书画思想中衍生出了"虚实相生""化实为虚""以实为虚"等命题。黑白作为相反相成的范畴,衍生出老子的"知白守黑"、邓石如的"计白当黑"等命题。中国哲学思想中的"形神"范畴,在艺术思想中衍生出了顾恺之《论画》中的"以形写神"[1]和"形神兼备"等命题,对作品的

---

[1] 张彦远著,秦仲文、黄苗子点校,启功、黄苗子参校:《历代名画记》,人民美术出版社2016年版,第118页。

创作方法进行概括。"言意"范畴也产生了一系列的美学命题，如"言不尽意""得意忘言"等，对中国古代的艺术创作思想产生了重大影响。

有的美学命题源自哲学命题，引发了相关问题的进一步思考。如"似"作为术语和范畴，衍生了"形似与神似""离形得似"等命题，引发了人们对相关问题的进一步思考，产生了新的思想。如在"似"与"不似"的基础上，产生了"妙在似与不似之间"的创新见解。"天人合一"是中国古代哲学中的一个重要命题，也是中国古代美学的命题，具体体现在审美活动的思维方式中。"书画同源""诗画一律""乐舞相生""诗书画三绝""诗中有画""画中有诗""诗是无形画，画是有形诗"等命题，都是艺际借鉴的体现，说明不同艺术门类之间的相通性和相互影响。许多命题会在学科内被反复讨论，甚至成为争讼不已的学术问题。如《溪山琴况》提出的"指与音合，音与意合"[1]，就在业内被评价和继承。有的命题则因有争议而不断被讨论，如嵇康的"声无哀乐论"等。有一些美学命题常常通过具体不同的现象反复验证，论证思想的深刻性和准确性。

中国古代的核心命题也会进一步衍生出一系列相关的命题。如"天人合一"命题贯串整个中国古代美学思想的发展历程，体现了人们对人与自然、人与人之间和谐的追求。庄子的"天地与我并生，而万物与我为一"[2]、孟子的"万物皆备于我"[3]等

---

[1] 徐上瀛著，徐樑编著：《溪山琴况》，中华书局2013年版，第19页。
[2] 郭庆藩撰，王孝鱼点校：《庄子集释》，中华书局2013年版，第77页。
[3] 焦循撰，沈文倬点校：《孟子正义》，中华书局2015年版，第949页。

都是这种"天人合一"思想的体现。苏轼的所谓"身与竹化"[1]、辛弃疾"我见青山多妩媚,料青山见我应如是"[2]、明代唐志契《绘事微言》所谓"自然山情即我情,山性即我性"[3]等,虽然未必都能算得上是对传统命题的发展,但都是天人合一思想的展开。

命题通过直接陈述或象喻,提出美学的判断。有的命题是后人在原话的基础上作了简单概括,如苏轼的"胸有成竹"。有的命题是由长句压缩、提炼为命题,如韩愈的"不平则鸣"。许多象喻的命题,既有对哲学概念和范畴的具体展开,也有以象喻的方式对艺术特征认知的表达简明扼要,点到即止。因此,经典的命题在美学思想系统中,常常起着一种纽带作用,类似于范畴作用。

命题之中包含判断和观点,有的是相关文献中的论断和结论,体现了思想家们的理论主张,确实是中国古代美学思想中值得继承的内容,不同于一般的术语和范畴。中国古代的美学命题中,有许多是相关思想的加工、提炼和概括,如"知人论世""发愤著书"等命题,都是相关思想经过加工和提炼而成的。"胸有成竹"本来是对创作过程的描述,也被凝聚成了富有哲理的美学命题。也有的命题是此前术语的运用,包含着不同术语之间的关系,也有的命题后来被简化和概括,提炼为术语和范畴。如"虚

---

[1] 苏轼著,冯应榴辑注:《苏轼诗集合注》,上海古籍出版社 2001 年版,第 1433 页。
[2] 辛弃疾:《辛弃疾词集》,上海古籍出版社 2016 年版,第 279—280 页。
[3] 唐志契:《绘事微言》,人民美术出版社 2003 年版,第 11 页。

静"一词,是从《老子》的"致虚极,守静笃"[1]和《荀子》的"虚壹而静"[2]提炼出来的;"意象"一词,是从《易传》的"立象尽意"提炼出来的。有的命题有大同小异的多种运用,如"风骨""风力"等,其中一部分会流传更广,必然性之中有时也有偶然性。因此,概念和范畴从命题中提炼出来,命题之中又常常包含着概念和范畴,包含着对概念和范畴的运用,例如张璪的"外师造化,中得心源"[3],阐释了"造化"和"心源"对于艺术创造的价值和意义。郭若虚的"气韵非师"[4]阐释了气韵的天赋特征。

第四节　中国古代美学概念的基本特征

中国古代的美学思想,是通过诸多的美学术语、范畴和命题加以呈现的。中国古代美学思想以范畴和命题为筋骨,其中的潜在体系是经,而各门文艺思想中的术语、范畴和命题则是纬,共同组成了中国美学思想的整体,包含着一个完整的美学知识体系。历代的审美实践和艺术品,是当时产生相关美学思想的基础,是我们验证美学思想的基础,也是我们进一步概括和总结理论的基础。中国古代的许多美学术语、范畴和命题在沿袭传承中

---

[1] 河上公注,王弼注,严遵指归,刘思禾校点:《老子》,上海古籍出版社2013年版,第34页。
[2] 王先谦撰,沈啸寰、王星贤点校:《荀子集解》,中华书局2013年版,第467页。
[3] 张彦远著,秦仲文、黄苗子点校,启功、黄苗子参校:《历代名画记》,人民美术出版社2016年版,第198页。
[4] 郭若虚:《图画见闻志》,中华书局1985年版,第28页。

有自己的嬗变规律，需要加以厘清。我们揭示这些术语、范畴和命题中的思想渊源，有助于我们揭示美学思想的深刻性，使其含义变迁的历程得以呈现。

中国古代美学的术语、范畴和命题体现了中国古代美学思想的理论特征。这些术语、范畴和命题在学术的发展历程中，推动了美学思想的丰富和发展。流传至今的许多中国古代美学思想术语、范畴和命题，在美学史的发展历程中起着重要作用。中国古代美学思想的术语、范畴和命题，体现了学术发展历程中的选择。每一个术语、范畴和命题都有其产生、发展和成熟的过程。术语、范畴和命题形成一个家族，其中既有相通的地方，又有不同之处，有力地拓展和延伸内在意义的表达。意象范畴形成了一个范畴家族，生成了相互关联的术语和范畴。同一家族之间有着相似的特征。其他如气、趣、韵、味、境等，都是元范畴，衍生出范畴家族。因此，我们要重视美学思想中术语、范畴和命题的演变史，要重视对术语、范畴和命题追溯的重要性。根据中国古代美学术语、范畴和命题的特点，建构以某一核心范畴如意象范畴为中心的美学本体系统。

特定生产方式和社会形态，产生了特定的美学思想，其中包括基本的术语、范畴和命题。天人合一的命题及其思维方式作为农耕社会的产物，对古代中国人的心理和观念都产生了影响。中国古代的美学思想是在特定的社会背景中产生出来的。在两千多年的历史发展进程中，中国古代美学的术语、范畴和命题，经历了组合、衍生和含义的丰富与变异等变化发展。中国古人交流所用的术语、范畴和命题都运用了当时学术共同体交流使用的语言，包括儒道释思想中的语言，也包括具体艺术圈里的行话。随着时间的推移，一些术语、范畴和命题的含义，也发生了一些变化。例如"道"从本来具体的"路"的名词概念，上升到自然和社会的规律的范畴。但同样的"道"，老子的"道"，孔子的"道"，《易传》的"道"，含义都是有差异的，后世如刘勰的文之"道"，宋明理学家的"道"，含义也都是不同的，又有着一定的相通之处。

中国古代的美学术语、范畴和命题，体现了古人的理论主张。中国古代从老庄开始，讲究"朴"和讲究"自然混成"的效果。质朴体现了道家崇尚自然的思想。《老子》第十五章"敦兮其若朴"，第十九章"见素抱朴"，第二十五章"复归于朴"。受此影响，在诗歌领域强调自然、清新的风格。如推崇谢灵运诗如"初发芙蓉"，李白也强调"清水出芙蓉，天然去雕饰"[1]，陈师道《后山诗话》也要求"宁朴勿华"。朱景玄《唐朝名画录》把"逸品"置于张怀瓘的《画断》的神、妙、能三品之上，黄休复的《益州名画录》又在此基础上提出"逸格、神格、妙格、能格"四格，将"逸格"置于最高境界。

中国古代美学概念内涵丰富，意在言外。中国古代美学的术语、范畴和命题，重视主体的体验和感悟，重视主体的直觉了悟，如虚静、妙悟、神思、心源、兴会、趣味、滋味等。中国古代美学概念的模糊性，是由所指称的模糊性和复杂性所决定的。有的概念取象比类，拓展了表现力，以象状意，以象尽意，运用

---

[1] 李白撰，安旗等笺注：《李白全集编年笺注》，第三册，中华书局2015年版，第1406页。

象征性符号,通过特定的概念传达精微丰富的思想,以拓展概念的表现力。有些概念朦胧多义,指月式的表达方式和象喻等特征,触发人们的联想,便于理解丰富的含义。庄子多次说"不可以言传也""天地有大美而不言""道不可言"[1],强调语言表达的困难。中国古代诗论擅长"以禅喻诗",许多禅宗范畴成为美学范畴。

中国古代的许多术语、范畴和命题,或并列或偏正,两者或相辅相成,或相反相成。其中许多概念都受到了中国语言骈偶形式的影响,具有对称的特点。"形神"是含义相对的两个并列词素,"神思"是偏正结构。"妙悟"是偏正结构的范畴,以"妙"形容"悟"的状态、层次和效果。一些成语典故也成为美学术语,用来解释审美现象。在词义的拓展中,从生理走向心理,从自身走向外物,语义从自然生命和生理特征拓展到人的精神生命,从生理领域、现实领域引申到精神领域。如"味",从生理感官拓展到精神体验;"远"本来是一个空间范畴,中国古代的美学范畴把现实与心理打通了。"势"本来指自然现象,转而表现社会现象,再到艺术品的评价。

我们需要适度参证西方美学学科的基本范畴,但不能削足适履,更不能求同弃异,不能舍弃中国古代美学思想的独特贡献。我们阐发中国古代美学思想的基本术语、范畴和命题,不是用它们来佐证西方美学的合理性和合法性,不在于印证西方美学的普遍价值,而在于揭示中国古代美学的独特贡献。中西美学在语言

---

[1] 郭庆藩撰,王孝鱼点校:《庄子集释》,中华书局2013年版,第437、649、667页。

表达、思维方式和理论形态等方面都存在着巨大的差异,这本身虽然带来了交流上的困难,但是也带来了异质文化会通的优势。

中国现代美学家在学习和研究西方美学的同时,也直接移用了一些中国古代美学范畴和命题来阐发自己的美学主张。例如邓以蛰在他的美学理论论文和艺术批评文章中,直接移用了中国古代的一些范畴,其中对唐代王昌龄等人的"意境"范畴、明代袁宏道的"性灵"范畴从现代美学意义上加以理解和阐释,认为性灵是艺术和美的重要特质,意境由性灵产生。"意境出自性灵,美为性灵之表现。"[1]他把气韵生动与克罗齐的表现说联系起来,揭示气韵生动的意蕴。"气韵生动可谓美之活动之结果,而为美之至极之价值焉。言语之表现为美之活动,此克氏之独到也,然未及此表现之结果,之价值,换言之,犹不知有气韵生动之事也,言表现而不及于气韵生动,犹之乎言思想不及于名理也。"[2]他还运用中国古代的范畴和命题,在中西参证中阐发自己的理论。

总而言之,在中国古代美学思想的研究中,术语、范畴和命题很重要,我们要重视它们的演变史。中国古代的美学概念系统是历史生成的,需要我们追源溯流。我们研究中国古代美学思想,需要系统清理中国古代美学思想中的概念系统,包括术语、范畴和命题等。其中元术语、元范畴的建构和组合,术语和范畴的衍生特征和规律,具有开放性特征,超越了原有的含义视域,拓展了中国古代美学思想的视野,丰富了中国古代美学思想的内

---

[1]《邓以蛰先生全集》,安徽教育出版社1998年版,第167页。
[2]《邓以蛰先生全集》,安徽教育出版社1998年版,第258页。

容。这种在语用中拓展语义的方式，也需要从当下语境中加以匡正。我们所运用的中国古代的美学术语、范畴和命题里包含着感性形态，如范畴之中常常包含着主体的体验和感悟，包括象喻的语境表达等，需要进行美学理论体系建构。要尊重中国古代美学的基本规律，从术语、范畴作为哲学范畴的普遍意义，寻求它们对于美学学科的具体意义，把它们置于新的语境、新的体系中。我们要在尊重中国古代美学思想本义的基础上，对这些术语、范畴和命题进行现代阐释。

第六章 建构体系

中国古代的哲学著作，以及大量的文论（包括诗话、词话、小说戏曲评点等）、画论、书论、乐论等著作中，有着丰富的美学思想，它们对于当下的美学研究和理论建设无疑是有价值的，其中包含着潜在的体系。但与现代美学形态相比，中国古代美学资源缺乏系统性和现代意义上的体系形态，其中精华与糟粕并存，且没有被学科化。这就需要我们尊重中国古代美学思想的内在规律，借鉴西方的美学理论体系规范，结合当下的审美实践，运用中国古代美学思想资源进行理论系统建构，实现中国古代美学思想的当代转化。

第一节　建构体系的价值

建构中国古代美学理论体系，是当代中国人对世界美学作出的重要贡献。中国古代的美学思想，是中国文化大背景下的有机部分。它们不仅是中国人独特的审美趣味与审美实践的理论概括和总结，而且还引导、影响过中国人的审美趣味与审美实践。其理论概括既有人类审美活动的共性特征，又有民族审美活动的个性差异。中国传统的审美范畴，虽然有其含义不确定性的一面，但它们在艺术创作和欣赏实践中，是经受过检验的，曾经长期指导着艺术实践，因而参与了中国人审美心态的历史生成。中国传统的独特审美思想，特别是其致思方式和理论探索，是全人类美学理论财富的有机组成部分，可以与西方美学理论共存互补，丰富人类的美学理论宝库。这不仅可以为世界上其他国家的美学理论发展提供思想资源，而且还可以让他们在思想方法和思维方式上获得启示,并且必将会对世界的美学理论与审美思想产生重要的影响。

中国古代对于审美的看法,既有自上而下的宏观论道,也有自下而上的具体描述。在许多文人笔记和艺人心得中,虽然常常只有只言片语,却包含着对审美问题的精湛见解。中国人独特的审美趣味和审美领悟,也只有在中国人的文献和审美实践中才能见到其思想基础和理论概括。它们不仅在古代曾经对人们的审美实践起到过指导作用,而且有许多思想在未来仍然具有借鉴和指导意义。传统的审美意识处于整个环境中,是我们现实中活生生的东西,它潜移默化地塑造着我们,而人们对它们的自觉意识也随之不断在积累和深化,有限的个体只有在继承传统审美思想的前提下,正视审美意识的现实,才能推动其不断丰富发展。中国传统审美思想对审美基本规律的概括,揭示了人类审美活动的普遍规律,既可以印证西方美学理论的基本观点,又可以纠正一些西方理论中的谬误,补充西方审美基本理论所存在的盲点。而有些具有共同规律的审美现象,西方学者尚未归纳而中国古代已经归纳的;或中国古代早已有深刻的思想,而西方近代转向时才开始发现的,也值得全人类珍视。

中国人在审美趣味和审美方式等方面既有与其他国家和民族共同的特点,同时又有着自身的特点。中国人与西方人在生理、心理、地理环境方面的差异,在文化上的差异,以及在价值观等方面的差异,决定了审美趣味、审美理想的差异和美学思想的差异,这就需要我们在中国古代美学思想的基础上建构自己的美学理论体系。中国古代丰富的美学思想需要我们挖掘其中有价值、有活力的资源,使其获得跨文化、可交流的品质,需要我们在当下审美实践的基础上进行整合和理论建构,让中国美学思想中有生命力的内容重现生机。

中国美学体系的建构,要借鉴西方学术方法,就要从学习西方的建构知识体系开始。我们要适度借鉴西方研究方法,以拓展我们的视野和思路,更能起到反思和补充的作用,形成一个逻辑清晰、论证严谨的中国美学体系研究。学术界也曾有一种观点,认为西方已经进入解构体系的阶段,中国也就没有建构理论体系的必要。西方学者长期以来一直有着建构体系的传统,西方有系统的学术知识体系及其悠久的传统作基础,现在虽然从追求严密体系到超越体系,但他们是在已有体系的基础上追求不拘于体系,超越体系和传统,可以解构既有传统。他们否定既有体系的目的,乃是为了建构新的体系。而中国的学术系统,没有建构,哪有解构?中国古代美学思想在形式上显得零散,缺乏体系意识,与西方重视体系的传统截然不同。

当然,中国美学思想虽然在形式上大多零星探索,但有着独特的潜在思想体系和概念体系,说明这些资源中隐含着可进一步整合的内在逻辑,有进一步整理和系统化的基础。所以,我们要兼顾中国传统思想的内在系统和当代要求,建构体系,以便适应当代的要求,与国际接轨。中国古代美学有中国古代美学思想资源自身的系统性,并且形成一个传统,尤其值得重视。它们在表达方式上有着诗性等特点,需要从宏观的视野,进行整合和研究。早在先秦时代,中国就有名辩学,后来又传入了印度因明学,但总体上说,中国古代的逻辑学不够发达。不过,中国古人著书立说中经验性的逻辑也是存在的。中国古代美学思想资源依托于古代哲学思想系统，具有潜在的体系，有进一步整理和系统化的基础。美学学科建设中的体系意识和概念的体系化是现代意识的体现，我们要兼顾中国古代美学思想的内在体系和当代要求，建构中国美学理论体系，以便与西方美学理论共存互补，使人们在思想方法和思维方式上获得启示，丰富人类的美学理论宝库。

中国古代美学思想资源在当代美学理论建构中具有重要的价值。我们研究当下的审美实践，总结出美学理论，固然是必要的，而继承古代理论传统依然是非常重要的。在中国古代的美学思想传统中，无论是美学理论，还是审美经验，都包含着走向现代的因子。历代优秀的艺术作品迄今依然具有审美价值，依然可以作为人们的精神食粮，说明古今审美趣味有着相通之处，是血肉相连的。中国古代美学思想更注重感性体验的传达，更注重诗意的体验，许多思想需要通过现代话语表达方式加以阐发，以便当代学人和西方学者接受。

美学理论体系的建构常常受到哲学体系的影响，通过演绎推理加以实现，但是它们自身的价值则需要通过长期的审美实践加以验证。作为一个历史悠久、人口众多的国家，中国历史上和现实中的审美实践及其理论概括，都是值得重视的。美学理论体系的建构，需要奠定在美学价值的基础上。而美学理论及其体系的价值不仅在于它们对审美现象的印证和检验，而且对未来的审美活动起着引领作用。

中国美学受到西方美学的影响，在很长一段时间内走的是探索美学概念体系的道路,这为后来美学体系的探索奠定了基础。我们对中国古代美学范畴的学理源流进行考察和辨析,归纳和概括中国美学术语、范畴和命题的发展史;注重整合研究,对中国古代美学思想中的元术语、元范畴、范畴群和命题等进行整合研究,揭示其内在学理联系和整体存在特征、价值意义;从切合中国美学思想的实际出发,对不同时期的美学术语、范畴和命题中的问题进行发掘性研究,在凸显中国古代美学的主体脉络基础上,努力挖掘崭新的学理资源;同时对中国古代美学术语、范畴和命题发展的关键内容进行梳理整合,并与西方美学的相关内容比较研究,审视中国传统美学范畴的当下理论价值,进而对重要范畴进行重点阐释,体现出其理论构成的文化有机性,探讨其现代转换的可能性,以揭示中国古代美学范畴古今绵延、变化和更新的理论意义。

中国古代美学思想的理论体系建构,需要以西方美学思想作为参照,推动中国古代美学思想与西方美学思想沟通、交流与对话。中国古代美学思想作为知识需要重构,并且也具有重构的可行性。它们虽然不具备现代美学的理论形态,但是我们依然可以借鉴西方美学方法进行知识重构,将其潜在体系加以整理,从当代的视角阐发,使其学科化、理论化。中国古代美学思想作为长期审美实践的总结,需要加以理论化,需要基于中国传统思想资源进行美学理论建构。这也符合全球化时代文化多样性发展的趋势。

中国古代美学的话语体系和言说方法,需要与国际接轨。中国古人曾经对审美活动中的许多具体问题,作过深入的研究,其中有许多精湛的思想，需要我们学习和运用西方理论方法对中国古代美学思想进行整理和理论建构，使它在当下语境中焕发生机。我们接续中国传统的美学文脉，推动中国古代美学思想资源在运用西方美学方法的基础上同西方美学接轨和对话，目标是在继承中国古代美学的基础上，走向世界，与世界交流。我们需要避免全盘西化，向世界贡献本民族的独特智慧。

通过理论建构，中国古代的美学思想可以从自身的话语体系中解放出来，适宜于当代中外学者的接受和对话。从时代语境和艺术实践出发，建构古为今用、具有当代意识的中国特色的美学理论体系。中国古代美学思想有其特定的背景和语境，不能直接使用在当代的理论体系和艺术实践中，因而就需要我们深入挖掘和阐发它们的当代价值，凸显其在当代中国特色的美学理论体系建构中的作用及其对艺术实践的指导意义，实现古为今用。我们要反对食古不化，关键在于消化古代美学思想资源，使其融汇在当代美学理论的肌体中。同时，我们对待中国古代美学思想资源，不能抱残守缺，而应当以开放的姿态来客观评价中国古代美学思想资源的价值。这是一种推陈出新，一种对传统的扬弃，把它们融入当代的美学理论建构中。

我们需要在继承中国传统思想的基础上建构美学体系，从建构理论和指导实践两方面激活中国古代的美学思想，创造性地阐释和发挥中国古代美学思想，在保持其中特有的生机和活力的基础上进行理论建构，使其与当下的历史境遇和时代要求相适应。中国古代美学思想资源的产生和发展，无法为我们提供一个严密、完整的体系，也无法顾及当今的理论建构和实践的需要。我们在进行理论建构的时候，需要借鉴西方理论和当下的审美实践，对其加以补充，使之趋于严密完整。这也是当代审美实践的需要。美学理论建构对审美实践，尤其对艺术创造和欣赏、批评实践起着积极的引导作用。中国古代美学资源对未来审美趣味的发展指向有启示和引导作用。

运用中国古代美学资源进行理论建构，要从继往开来的历史使命来理解当代的中国美学理论建构，从当代美学理论建设的视角去看待中国古代的美学思想资源，让它们在植根历史语境的基础上超越历史语境，在当下获得生机和活力。中国古代美学思想需要转型，研究方法也需要转型。我们要以现代学术训练为基础，以当下的论述方式加以整理，互相包容，合理地吸收和消化，创造性地继承和整合，使其逻辑自洽。并且见微知著，把精微的美学思想苗头发扬光大，使古代美学与现代美学贯通，让其历史价值与当代价值相统一，便于运用古代美学资源及其在现代的研究成果，在继承的基础上推动当下的创造，建构具有中国特色的美学理论。

第二节 建构体系的方法

我们今天以中国古代美学思想资源为基础建构理论体系，从人文精神来看，我们需要更多地继承传统；从科学精神来看，我们则更多地需要借鉴西方。我们尤其要处理好中西关系和古今关系，而不能为创新而创新。面对当下审美实践和审美需求，我们不仅要从本土语境中诠释中国本土资源，而且要在全球视野中，做到中西互参互释，进一步加快自身话语体系的建构，把中国的美学创新内容传播出去，让世界了解和接受，切实地作出无愧于我们文明古国和泱泱大国应有的学术贡献。首先应当基于中国古代哲学思想系统和审美现象本身所呈现的理论系统中包含着美学思想发展的进程。中国古代典籍和艺术实践中有着非常丰富的美学思想资源，这些资源一来大都较为零散，缺乏现代意义上的体系形态，二来在时代语境变迁之后不能直接运用于当下，所以我们还需要从现代学科规范和理论范式的要求出发，整合这些美学思想资源中的理论系统。我们需要让中国古代美学思想资源成为中国特色概念体系的有机组成部分，与世界其他美学理论体系多元互补，在汲取中国古代美学资源精髓的基础上，通过现代学术方法对这些思想加以格式化、条理化，使其内在的逻辑获得挖掘和呈现，从而使建构的理论体现出学科性和系统性。

中国美学理论体系的建设必须植根于中国传统文化。重视中国美学思想经典原典的阅读，有助于我们准确认识中国美学思想发展的来龙去脉，夯实理论基础，从而建构完善合理的知识体系。在中国古代美学理论的建构中，要重视中国古代美学概念（包括术语、范畴和命题）动态发生、发展的特点及其价值，重在揭示出中国古代美学的原创性特征，让中国古代的美学思想资源获得普适性的意义，赋予其理论形态，使其便于传播和接受。我们对中国古代美学思想体系的建构，不能脱离其自身的基本特征，需要揭示出中国古人的特殊贡献，同时体现出普遍有效性。

借鉴现代西方美学的思想方法不仅对中国古代美学思想的整理和研究来说是必要的，对西方古代美学思想研究也同样如此。

在1750年美学学科诞生以前，西方美学思想也不够系统，更没有体系，也存在前美学时期美学思想资源的理论整合和建构问题。中国现代学术规范得益于对西方现代学术的借鉴，现代美学学科也是在西方诞生的。因此，我们需要借鉴西方的方法，来整合和利用中国古代的美学思想，从而建构中国古代的美学理论体系。

中国古代美学思想与西方美学思想有相互印证和互补的一面，我们需要借鉴西方美学方法和学术范式，在当代语境下对中国古代美学思想进行重构，自觉地实行中西参证和比较，以适应当下国内和国际审美实践的需要，为最终会通中西的目标服务，从中体现出现代性和世界性视野。西方美学理论的逻辑性、体系性等，在建构方法、理论视角等方面为中国建构自己的美学理论体系提供了借鉴，是建构中国特色美学理论体系的参照坐标。我们需要在借鉴西方学术体系和体例的基础上，合理、适度地运用西方方法来阐释中国古代的美学思想资源。朱光潜借西方范畴解释中国传统的审美意识现象，在中西方美学的相互印证中阐释中国美学的独特精神。相比之下，朱先生则更具有系统意识和科学精神。宗白华先生曾说："我以为，中国将来的文化绝不是把欧美文化搬了来就成功，中国旧文化中实有伟大优美的，万不可消灭。"需要"极力发挥中华民族文化的'个性'"，"借些西洋的血脉和精神来，使我们病体复苏"。[1] 他通过中西融通的方式推动中国传统话语的现代转型。

---

[1]《宗白华全集》，第一卷，安徽教育出版社2008年版，第321页。

中国美学理论体系的建构有助于中外交流和对话。我们参照西方学术体例，整合中国古代美学思想资源，彰显中国古代美学思想的独特价值和特征，充分揭示出中西美学思想中相互印证和互补的一面。中国古代美学思想资源的研究，需要超越自说自话，使其具有可对话性。但它绝不是西方理论的注脚，我们应当遵循中国古代美学思想资源的内在逻辑，挖掘其在中国传统思想中的理论价值，从中得出自己独特的结论。中国古代美学思想要与西方相对照，在借鉴西方的基础上进行理论建构，把问题放在全球化视野下，超越西方中心主义的立场，实现中西美学理论的碰撞与对话。我们要妥善解决中西两种美学话语体系中的矛盾，尤其要避免以西方美学理论体系对中国古代美学思想作比附研究，以西方美学观对中国古代美学思想资源进行取舍。以西方美学体系为参照，格义是难免的，但是不能牵强附会、削足适履，不能因中西格义而舍弃中国古代美学思想中独特的内容。中西人性是相通的，审美规律有相通之处，但我们需要审视中国古代美学思想资源的独特价值，而不能求同弃异、肢解中国古代美学丰富的思想内涵。

中国美学研究需要从意图、理想、现实的角度进行整合和重构中国古代美学思想资源。中国古代美学思想中依然具有现代性因子，在当代依然可以得以发展。中国古代美学思想资源需要适应当下的知识体系，适应当下理论建构的需求。运用中国古代美学思想资源，进行当代理论建构，从中体现古代美学思想资源的当代价值。我们要站在当代的立场上，审视和发现中国古代美学的价值，通过现代体系和规范，重视逻辑参证的方法，结合当下审美实践的内在要求，建构体系，把它从传统思想零散形态的局限中解放出来，立足当下进行取舍，在传统本体论的基础上，建构适应当下学术形态的本体论，把它们融入现代学术生态之中，实现体系的重构与创造。王国维以境界为核心范畴，建构自己的美学理论，就是一种尝试的范例。我们的理论建构必须做到融会贯通，把具体而丰富的美学思想资源整合成系统性的中国古代美学理论体系。

总之，当代美学理论建构，一是要与西方可对话，二是要与当下的审美实践相适应。我们需要超越中西古今之分，在古今、中西的时空立体坐标中讨论中国古代美学资源的当代理论建构。中国古代美学思想具有潜在的体系性，但它们常常是一些支离片段的言论，呈现出杂乱无序的形态，这就需要我们借鉴西方的理论体系，立足当下的审美现实，在中西美学互动和当代审美实践中加以推进，通过新的视角和方法进行整合和重构，其前提在于充分发掘古代美学思想资源并将其作为鲜活的理论建构的来源，在内容上符合实践要求，在形式上符合理论系统规范，不拘于一格，不定于一尊。其目的在于古为今用，西为中用，为世界美学理论体系贡献中国智慧。

第三节　潜在体系蠡测

中国古代美学理论体系建构需要以中国古代美学思想的潜在体系为基础。我们需要聚焦中国古代美学的核心问题，揭示中国古代美学思想的潜在体系，把中国古代美学思想资源融会贯通，使之系统化。中国古代美学思想总体上理论性不强,但是依然有着潜在的系统。古代思想资源要从整体思想背景去把握,如先秦儒道诸子、汉代经学、魏晋玄学、唐代佛学、宋明理学等,都有一个核心贯穿其中。孔子说:"吾道一以贯之。"[1]老子创立学派被称为道家,是以道观之。宋元明清时代的哲学著作,依然有着潜在的逻辑。中国古代的美学思想,一是源于中国古代哲学思想的系统,二是源于各门类艺术思想的系统。它们是以哲学思想为经,以艺术思想为纬织成的,是依托于中国古代的哲学系统,从艺术的角度加以生发。

中国古代美学思想资源的潜在体系以中国古代哲学的潜在体系为基础。我们发掘这一潜在体系,从当代的视角对古代美学思想进行理论建构,是美学体系建设的重要方面。从《周易》和老子开始,中国传统哲学的范畴有一个潜在的逻辑系统,而中国古代美学思想和各门类文学艺术思想中的概念(包括术语、范畴和命题),都依托于这个潜在的逻辑系统。尊重古代美学思想的原貌,并非拘泥于它的具体语境或将它束之高阁,而是尊重古代美学思想所具有的潜在体系性及其发展逻辑。中国古代美学思想资源需要适应当下的知识体系,需要适应理论建构的要求并使其具有活力。我们在重视中国古代美学思想资源价值的同时,也要尊重其作为历史遗产的特点。

建构中国美学理论体系需要对其中潜在的体系顺势而为,重在揭示出中国古代美学的原创性特征。《周易》为百家之宗,儒

---

[1] 程树德撰,程俊英点校:《论语集释》(上册),中华书局2013年版,第298页。

道诸家思想都在《周易》的基础上生发和展开,都把《周易》看成思想的重要源头。佛学的传入及其影响,为中国古代思想的发展灌注了新的动力。北宋理学以儒学为基础,受到道家和佛学的影响,其中包含着深刻的美学思想。同时,历代的各种文学艺术思想,常常既从审美的角度延伸和展开了这些思想,又在艺术创作、欣赏和批评实践中丰富了美学思想,使中国古代美学思想的系统性更为完善。

中国古代哲学思想是气为本体,道贯其中,象显物态,理则是人们对客观规律的体认。在气的范畴中,中国古代从各种角度合成双音词,用以形容气本体及其感性形态,如形容基本状态的"气体""体气",涉及"气象""气韵"等。老子所谓"道法自然",自然是大化,是对客观规律的总结。气与道的关系是有形之体和无形规律的统一。气是万事万物之体(本体,气积之体),道是气体之中包含着发展变化的规律,象是气之体的感性显现,理则是人们对"道"作为自然规律和社会规律的体认,以及人依据自然规律所制定的法则,即所谓天道和人道。各类艺术的技与艺,最终追求的是体道境界。

气作为充盈于万物间的生命本体,包括阴阳二气化生万物。《庄子·知北游》:"人之生,气之聚也。聚则为生,散则为死。"[1]《淮南子·原道训》把气与神对举:"气者,生之充也;神者,生之制也。"[2]"气为之充而神为之使也。"[3] 其中包括

---

[1] 郭庆藩辑,王孝鱼点校:《庄子集释》,中华书局1961年版,第733页。
[2] 何宁:《淮南子集释》,中华书局1998年版,第82页。
[3] 何宁:《淮南子集释》,中华书局1998年版,第85页。

个人的内在气质和艺术作品的风格等。艺术作品中则经常体现艺术家的阴阳二气,如《乐记·乐言》中作为音乐风格的刚柔二气。艺术作品气韵生动,则体现了生命意识。庄子有所谓"以气合气"的体道境界。曹丕《典论·论文》有所谓"文以气为主,气之清浊有体,不可力强而致"[1]。清浊二气正是阴阳二气的具体呈现。而所谓"徐干时有齐气""孔融体气高妙"[2],则是个性气质及其在作品中的表现。其他如"元气""气象""骨气""气韵""生气""逸气"等,有的是直接移用了哲学范畴,有的则是在哲学范畴基础上结合艺术特点的一种拓展。

道贯穿在中国古代美学的核心范畴意象创构的过程之中。老子阐发了象与道的关系,道通过象得以呈现。庄子的象罔,继承老子的道。美的本体作为物我交融统一的意象,是由物我二气创构而成,由象得以呈现的,而道就贯穿在意象之中,通过意象得以呈现。在艺术意象的创构中,艺术家创构意象时,以象传神,以神体道,欣赏者则由象观道。在审美活动中,审美主体以虚静为前提,目的也是由象观道。老子的"涤除玄鉴",庄子的"心斋""坐忘",宗炳的"澄怀味象""澄怀观道",都是强调以象观道。这是审美活动的基础,也是审美意象创构的基础。

象是中国古代哲学的元范畴之一。从上古开始,中国就有尚象的传统。气本体乃是通过象得以呈现,故张载《张子正蒙·乾称》说:"凡象,皆气也。"[3]从本体论的角度看,象居于道、

---

[1] 魏宏灿校注:《曹丕集校注》,安徽大学出版社2009年版,第313页。
[2] 魏宏灿校注:《曹丕集校注》,安徽大学出版社2009年版,第313页。
[3] 王夫之:《张子正蒙注》,中华书局1975年版,第320页。

器之间，是形的具体呈现。万物乃因气成象，以象显道。审美意象作为物我交融的产物，其中的象包括拟象和想象，是虚实相生的结果，即应物象形与象外之象的统一，它们与主体的情意有机交融，浑然为一，并且具有象征的意味。艺术作品则观物取象，立象尽意，呈现为艺术意象，通过艺术语言得以传达。在中国古代的美学思想中，意象形成了一个范畴家族，包括气象、物象、景象、形象、兴象，以及作为意象境界的意境等。

理起源于循理治玉，在《易传》和先秦诸子思想里开始使用，其内涵包括主体对自然规律和特征的体认，也包括主体在对自然之理认知的基础上所形成的人伦规范，如义理等。理在宋明理学中得以充分的展开和发展，其中体现了本体论和价值论的统一。在中国古代美学思想中，情理关系是审美心理中重要的关系。《管子·心术》以情理并用，儒家思想中也包含着以理节情、情在理中的思想，在后世的美学思想中有重要影响。《毛诗序》所谓"发乎情，止乎礼义"[1]，叶燮《原诗》所谓"夫情必依乎理。情得然后理真"[2]等，都是对审美活动中情理关系的一种阐述。

审美活动中的思维方式，以天人合一为基础。天人合一将自然与社会贯通起来，从审美的角度使自然与人生浑然为一，反映了人与自然的亲和关系。主体通过天人合一的思维方式，在对自然的能动顺应中实现心灵的自由，从中体现了中国古人对于自然

---

[1] 毛亨传，郑玄笺，孔颖达疏，陆德明音释，朱杰人整理：《毛诗注疏》（上），上海古籍出版社2013年版，第19页。

[2] 叶燮著，蒋寅笺注：《原诗笺注》，上海古籍出版社2014年版，第210页。

的诗性体验。中国古代美学对物我关系的论述,包括感物动情、心物感应和神与物游等思想,都是天人合一思想的具体展开。物我交融作为审美活动的目标,主要论述的是心与物的关系,其中以情景交融为核心。诗歌和其他艺术作品中的比兴、寄托等,不仅是一种艺术表现手法,更是审美的思维方式。

中国美学体现了阴阳化生和五行相生相克的生命意识。中国古代艺术作品的结构,通过阴阳五行体现了艺术作品的生命节律。绘画的虚实相生,音乐的动静相成,都体现着生命的节奏,而五色、五音(五声),则体现了生命的韵律。刚柔相济的辩证法,织成了艺术生命的节奏。所谓骨气血肉、所谓骨法等,同样都是生命意识的体现。

艺术作品中还体现着矛盾统一的辩证法,例如虚与实、形与神、显与隐、疏与密、繁与简等。意象中包含着象与象外之象的统一,即实象与虚象的统一,这就是所谓的虚实相生。刘禹锡《董氏武陵集纪》所谓"境生于象外"[1],乃是强调一种有与无、虚与实的统一。形神关系也是辩证统一的。中国古代的形神思想,在审美意象中具体表现为象与神的关系。中国艺术中所谓"离形得似""不似之似",乃是要求超越形似,传达神似,即传神。

我们今天建构中国古代美学理论体系体现了古代美学思想资源在当代美学中的价值,有助于将其中有生命力的思想吸纳到当代中国美学中来,有助于提升中国美学在世界美学理论体系中的

---

[1] 刘禹锡著,《刘禹锡集》整理组点校,卞孝萱校订:《刘禹锡集》,中华书局1990年版,第238页。

影响力。中国古代美学理论体系的建构，为我们研究中国古代美学术语、范畴、命题等思想作出了一定的尝试，积累了一定的经验，有助于推动中国当代美学理论体系、中国特色概念体系的建构，接续中国古代的美学文脉，推动了中国古代美学思想资源在借鉴西方美学方法的基础上同西方美学接轨和对话交流。

第四节 以意象为中心的体系建构尝试

中国美学的历史和现状表明，我们需要在发生论方面研究审美起源，在本体论方面研究审美意象，在主体论方面研究审美意识，在创造论方面研究生命意识，在价值论方面研究审美教育。在中国的美学思想和审美意识中，审美活动是一种创造性活动，审美活动的过程就是创构意象的过程，审美意象是美学的核心内容。因此，中国美学的研究应该以审美意象为中心，是一种意象创构的本体论美学。

中国古代美学思想是以审美意象为中心的，意象思想资源具有重要的价值和意义。中国古代意象思想资源通过理论建构，尤其是审美意象本体论的美学建构，可以揭示出中国古代丰富的意象思想的内在逻辑，有助于使意象思想成为知识体系。意象思想萌芽于中国先秦百科全书式的《周易》，先秦时代的意象思想是美学理论体系建构的源头活水，在中国古代的文学艺术思想中得到了充分发展。从先秦到明清，中国古代的意象思想贯穿中国两千多年的审美思想史，有流变、有发展，并且在后起的意境等思想中获得有效补充和展开，因此可以作为中国古代美学思想的核心范畴。意象思想的丰富和发展，乃是一种美学理论建构的雏形。意象思想是与时俱进、推陈出新、不断发展的，一直延续至今，并受到当代美学研究者的重视。从《周易》"观物取象""立象尽意"开始，到王弼的"得意忘象"等，具有理论建构的基础。从哲学的层面上看，意象思想及其发展历程表明，它是一种超越了儒道释门户之见，三者合流的思想。而在艺术的层面上，尤其需要重视意象创构中审美心理和艺术创造的特点。

审美意象体现在一切审美活动之中，包括自然、人生和艺术活动领域。审美对象首先以自然物象和社会世相为基础，物象本身对主体具有强大的感染力。它同时是审美心理特别是创造活动的基础，包括主体的拟象和想象，即所谓尚象思维，这是理想与现实、虚与实的统一。在审美活动中，主体以意会象。情理交融的意，自然物态、社会生活、历史等，都在对象的物象中交融。因此，审美活动本身就是一个观物取象、立象尽意的过程。主体与对象之间始终处于一种不即不离的张力关系，正是审美意象的关键所在。对于对象来说，它是以感性存在为基础的，对于主体来说，它是普遍性与个体独特性的统一。从情感抒发的角度看，审美意象则包括感兴直寻意象和意匠经营的反思喻象。在审美活动中，主体或感物动情、即景生情，或托物喻旨、借景抒情，使物象与主体的情思融为一体。因此，审美活动本身就是一种创造性活动，是一种意象创构。人们通过审美来成就人生，把生命导向崭新境界。自然环境和季节的差异、社会环境及时代的差异，以及欣赏活动者气质性情、阅历和素养的差异，个人心境的差异，都会影响审美活动的内涵和审美意象的创构。从视听感官的感觉到心灵体验，是一种贯穿全身心的生命体验和生命创造。主体基于感性物象，应目会心，成就审美意象。每个个体的生命体验，每次审美意象的生成，都是主体以自己身心合一的基础、与对象契合为一的结果，都是独到的、创造性的、不可重复的。

意象是中国美学思想中牵一发而动全身的核心内容。意象思想既是中国古代哲学思想本身发展的结果，也是历代审美实践和艺术实践（包括创作实践、欣赏实践和批评实践）的总结，古今之间是隔不断的。意象思想贯穿了美学的本体、审美心理和文学艺术实践等诸多方面。意象是审美活动成果的感性形态，本体创构是意象的来源，它既是审美活动的成果，又是美的形态的本体。中国美学理论奠基于物我关系，意象关系中包含着心物（物我）关系，从中体现了天人合一的思维方式。意象是在审美活动中创构的，体现在一切审美活动之中，包括自然、人生和艺术领域。中国古代的意象思想包含着审美心理方面的内容，对中国古代的艺术创作和批评有着重要影响。以意象为核心进行研究和理论建构，有助于丰富中国美学理论体系，是中国当代美学概念体系建设的重要方面。

美学以意象创构为核心，把意象及其创构的范畴由艺术领域扩及整个审美领域，可以修正过去美学理论以艺术为核心的看法。一方面，自然和人生是审美的重要内容，因而也是美学研究的重要对象。自然对象是生意盎然的感性对象，作为环境与人的心灵有着密切的关系，不能被排除在研究对象之外。千百年来，自然环境对人的感官的熏陶、对人的心灵的塑造起着不可磨灭的作用，并且已成了人的精神食粮。纷繁复杂的自然现象正可感发我们的情怀，寄托我们的情思。在审美的层面上，自然环境时常被视为我们的知音，与我们同欢乐、共患难，个中情调，可以意会而难以言传。这是任何精妙的艺术品所不可取代的。正如大好河山的绚丽景致，是看录像、读作品所无法取代的一样。另一方面，人文环境和人生境界等，当它们与我们的利害关系保持一定的心理距离，我们没有对它们进行科学研究时，我们在观照时也可以激发起审美的情感。审美最终是一种从精神上对人生的造就，审美境界是人生所追求的最高境界。自然对象、艺术作品，最终都是为人的审美人生服务的。因此，将审美意象作为美学的核心，对于我们重新认识审美现象，深化美学理论建设具有重要的意义。

意象是审美活动的成果，审美主体是审美活动的主导者，审美主体能动作用于外在物象，进行审美活动，最终创构审美意象。意象之中包含着体现主体的"意"和体现客体的"象"。意以情感为基础，情理交融和不涉理路，意在意象的生成中起着主导作用。情景关系是中国古代诗歌理论中物我关系中最重要的关系。同时，意象中包含着本体与现象的关系。在意象范畴中，本体与现象是统一的，而不是对立的。意象及其所呈现的意境整体之中，意隐而象秀，表现出溢于形外的特征。意象从内涵讲，包含着趣味和韵味，对意象的形容有美、妙、丽（文学作品）、适等形容词。

当代以意象为中心建构美学理论体系，主要包括以下五个方面的内容：其一，审美意象的内涵问题。在漫长的意象思想发展史中，意象的内涵丰富而又零散，剖析和阐发中国古代意象的思想内涵，发掘其潜在体系，是中国古代美学理论体系建构的基本问题。其二，审美意象本体论。意象是美的本体，审美活动的过程就是审美意象的创构过程，对意象的探究就是对美的本体的探索。其三，审美意象价值论。审美意象的创构不仅是一种审美判断，也是一种价值判断，这种价值判断是审美活动参与主体生命建构的重要方式。其四，艺术意象论。审美活动与艺术活动是相互紧密关联但又不完全重叠的两个领域，艺术意象论是审美意象理论体系建构的重要方面。其五，审美意象与意境等相关范畴的逻辑关系。通过对意象与相关术语、范畴和命题的辨析，我们可以明确并凸显出意象在中国美学理论体系中的核心地位。

意象中包含着由象达意、由言表象的特征。在审美意象中，意与象共生，主体通过语言表象达意，具体表现为言、象、意的关系。言、象、意关系的思想，源于《易传》。《易传》引用孔子"书不尽言，言不尽意""圣人立象以尽意"，阐发了言、象、意的关系。对后世艺术意象的传达有重要影响。这在《庄子》思想中有所发展，到王弼则更为系统，王弼《周易略例》云"尽意莫若象，尽象莫若言""得意而忘象"[1]，继承了庄子的"言为筌蹄"观。而王弼的"象生于意而存象焉，则所存者乃非其象也"[2]，"存象"与"非其象"的关系，对后代的意象思想，尤其是艺术意象传达的思想，有重要启示。中国古代要求"辞达"，要求"不著一字，尽得风流"和"不落言筌"，目的在于强调艺术语言传达意象的效果。

---

[1] 王弼撰，楼宇烈校释：《王弼集校释》（下），中华书局1980年版，第609页。
[2] 王弼撰，楼宇烈校释：《王弼集校释》（下），中华书局1980年版，第609页。

中国古代意象思想需要结合西方美学思想的资源进行阐释。中国当代美学理论建构，需要奠定在会通的基础上。中西美学的概念可对话，说明中西美学之间，美与意象之间既有差异性，也有可通约性。意象之所以被称为审美意象，是因为它的古代思想资源在现代美学意义上是一个审美范畴，而不能简单地等同于中国古代的"美"字概念。其中象的思维是中国美学的重要特征，可以建构具备中外交流和对话能力的意象理论体系。我们需要把西方美学中的"美"与中国古代美学中的"意象"有机结合起来，统一起来，激活意象范畴的内在生机，基于中国传统的意象资源构建中国美学体系，在中西美学的对话中彰显意象的当代价值。意象理论的建构对内避免全盘西化，对外贡献本民族的独特思想，为最终会通中西的目标服务。

中国古代的意象思想有潜力、有活力，是值得古为今用的。我们要将审美意象的理论建构奠定在意象思想发展史的基础上，从意象自古至今的发展历程中总结出意象的理论特征，做到史论结合、以论为主。中国近现代以来，以王国维、朱光潜、宗白华、叶朗、敏泽、汪裕雄等为代表的前辈学人的意象研究成果，证明了审美意象理论不局限于它的历史意义，而具有现代性和普适性，具有与当代结合的内在潜质。对于当代中西方审美现象的阐释都具有一定的有效性，是中国当代意象美学理论建构的重要基础。

总而言之，中国古代美学思想具有鲜明的理论特点。中国古代美学理论体系建构，以中国古代潜在的思想体系为基础，让古代美学思想资源在现代语境中焕发生机和活力，适度借鉴西方美学体系，同时兼顾当代美学理论建设和审美实践的需要，并可与西方美学理论互补。中国古代美学思想的历史发展有其自身的逻辑，在对其进行体系建构时应充分考虑意象理论从古至今的发展逻辑，做到中西参证、逻辑自洽。我们对中国古代美学思想的理论阐释，需要结合西方美学思想资源进行创造性阐释与建构阐释，使其与当下的历史境遇与时代要求相适应，突破其古典形态的束缚，进而焕发出新的生机，融入中国美学理论体系的建构中，从而丰富当代的美学理论。

第七章 印证实践

中国古代美学思想是基于审美实践的产物，具有鲜明的实践特征，既可以从中揭示古代美学思想生成和发展的规律，也可以印证当代的审美实践。从先秦儒家开始，到宋明理学，中国古代的哲学思想都重视践行的意义，中国古代美学思想的价值也同样需要在审美实践中积累，并通过审美实践加以验证。因此，研究中国古代美学思想与审美实践的关系，在中国古代美学研究中，是至关重要的。

第一节　实践作为中国古代美学思想的源头

美学作为一门人文价值学科，其基本形态是哲学形态，但是美学所研究的对象是审美现象的感性特征，美学是对审美现象的理论阐发。审美现象是始终不脱离感性形态的，美学理论研究必须建立在对感性形态具体分析的基础上，其理论推导和逻辑论证必须面对感性形态本身。西方美学的传统主流是"自上而下的美学"，到了近代，1865年德国著名心理学家费希纳开始倡导通过实验方法研究审美问题，即所谓"自下而上的美学"。站在当代的立场上，美学研究应该是"自上而下的美学"与"自下而上的美学"的有机统一。中国古代虽然在诸如《老子》和历代经学思想中也存在自上而下的学理意义上的美学思想，但更多的是立足于赏析、点评的基础上，在自己的审美体验中提出审美观点。

中国传统的哲学智慧都是从宇宙万物和日常生活中的现象中抽象和概括出来的。宋明理学主张的察、味、认、体、会、证、验，也是验证古代美学思想的基本方法。中国古代美学思想始终是从具体的审美现象中进行验证、丰富和深化的。一方面，具体的审美现象，提供了可以展开和分析的基础文本；另一方面，哲理体现了事物的普遍规律，当然也包括审美的规律，把这些哲理运用到艺术等审美现象的品评之中，既是对哲理的检验，又是对它的丰富与具体运用。如山水画中的留白，正是老子"有无相生"思想的具体表现，既是中国画处理虚实关系的一种技巧，也是中国画生生之美的一个源头。在这种个人化、即兴化的审美现象体验与分析中，学者个体的性情气质，当时的审美情境，都会深深影响着这一审美实践的过程与形态。

中国古代的美学思想同样是源于实践的产物。古代的美学思想许多是从创作体会和鉴赏、批评思想中提炼出来的。中国古代的许多文学和艺术理论，或者是诗人、词人、画家等人的创作体会，或者是批评家们的作品评论，都是从创作实践和批评实践中来的。中国古代的文论、画论、书论、乐论思想，依托于艺术传统和艺术精品，只有熟悉艺术传统和艺术精品，了解审美意识的发展历程，才能对这些艺术思想文献有深切的把握，才能真正地阐释它们，把它们用于建构当代理论。审美的批评实践是对美学思想的具体运用，同时在批评实践中所获得的体会，也可以修正和丰富美学思想。即使是少数思想家从自己的体系出发提出的理论主张，也或多或少体现着思想家创作实践和批评实践的体会。

中国古代美学思想中的哲理，也是从具体的分析中概括出来的。哲理源自具体现象的总结与反思。所有的哲理都是人们从对世界的感知中抽象和提炼出来的，是人们从对自然和人生的感悟中抽象和提炼出来的。庄子甚至提出"道在屎溺"。中国美学的重要特征，是通过感性具体的描述和分析，在审美活动中包含着悟，运用形象化的语言传达哲理。宋罗大经的《鹤林玉露》中载某尼悟道诗："尽日寻春不见春，芒鞋踏遍陇头云。归来笑拈梅花嗅，春在枝头已十分。"[1]这是一种审美体验的感悟，是感性的、具体的、实证的，其中包含着哲理。

古代艺术作品和艺术活动是美学思想产生的土壤。中国古代文学艺术作品的具体赏析和评点等，是我们提炼和整合中国古代美学思想的重要资源。审美趣味的形成规律，与民族文化心理密切相关，任何美学理论，都需要从具体审美现象中揭示它的内在根源。对于审美活动及其成果的研究，不能只是透过现象看本质，同样需要专注于审美现象加以理解和阐发。许多优秀的美学家对中国古代美学思想的研究，即专注于具体的艺术门类和艺术作品等审美实践。因此，它们尤其适合于理解中国古代的文学艺术作品。

需要注意的是，审美实践不只是理论的注脚，更是理论的源泉。中国古代的哲学思想是在长期的发展历程中从具体现象中概括出来的，诸如阴阳、五行、虚实、动静等，都是基于具体现象特征的总结，进而成为具有普遍意义的规律的论述。而落实到美学中，它们作为美学范畴，就不只是以审美现象作为这些范畴的注脚，而应该通过具体审美现象的分析，揭示它们对具体审美现象分析的精微之处。美学的理论研究与对审美现象和艺术现象进行评论，有分工的不同。学理主要是逻辑上的论证，评论主要是

---

[1] 罗大经撰，孙雪霄校点：《鹤林玉露》，上海古籍出版社2012年版，第209页。

通过美学的基本学理和相关范畴对审美和艺术活动尤其是艺术品进行评价。它们需要借助于哲学思想和范畴，对具体审美现象作出分析，并加以进一步阐述。但是，学理的研究如果不能通过艺术和审美实践加以印证，就是无本之木。中国古代优秀的美学思想只有在艺术欣赏和批评实践中，才能获得展开和检验。许多深刻的美学思想，就是从审美实践中概括和总结出来的。

正是因为中国古代美学思想的内容许多是在感悟中体验的，因此美学思想的原生形态是感性、具体的，接地气的。其价值也在于它们植根于审美实践之中，而具有生命和活力。高居翰说："如果有人认为，不需全身心沉浸在大量绘画作品（之中），并对其中一些作品投入特别的关注，就可以成为一名真正能对中国画研究有所贡献的学者，那么我以为，这实在是一种妄想。"[1] 研究美学思想史既需要研究美学思想文献，更要把握和领悟历代优秀的艺术品遗存，必须通过审美实践和艺术实践加以印证。中国古代的美学思想常常是与例证结合在一起的，这些例证常常点到即止，要言不烦，却极具说服力。比起单纯的理论逻辑推导，它们常常是理论在审美实践中的运用，或者是艺术家创作体验和理论家批评实践的内容，因而有更深厚的实践基础。

比如中国古代早期的绘画作品大多已不复存在，而在作品基础上所总结的绘画思想，却依然具有参考价值。中国古代的《诗品》《画品》《书品》等艺术理论，是作者在具体的作品品评中表达自己的艺术思想和审美思想。"品"在这里，既是动词，又是

---

[1] 高居翰：《山外山：晚明绘画，1570—1644》，王嘉骥译，生活·读书·新知三联书店 2009 年版，"三联简体版新序"第 1 页。

名词。中国古代画论,重在对审美现象进行分析,值得继承。如唐代符载《江陵陆侍御宅宴集观张员外画松石图》:

> 员外居中,箕坐鼓气,神机始发。其骇人也,若流电激空,惊飙戾天,摧挫斡掣,㧑霍瞥列,毫飞墨喷,捽掌如裂,离合惝恍,忽生怪状。及其终也,则松鳞皴,石巉岩,水湛湛,云窈眇。投笔而起,为之四顾,若雷雨之澄霁,见万物之情性。观夫张公之艺,非画也,真道也。当其有事,已知夫遗去机巧,意冥元化,而物在灵府,不在耳目。故得于心,应于手,孤姿绝状,触毫而出,气交冲漠,与神为徒。[1]

就是侧重于对具体现象的内在特征的揭示。

总之,中国古代的许多美学思想,是从赏析和批评中呈现出来的。中国古代的诗话、词话、小说评点和画论、乐论中既包含着深刻的美学思想,可以升华为美学理论,同时又需要奠基于对艺术活动和艺术创作的深刻领悟。理论自洽固然重要,植根于艺术实践更为重要,否则美学思想如无本之木,无源之水。从美学学科建设的角度看,理论不是孤立的存在,艺术批评如意象批评等,既是对美学理论的运用和验证,又是理论生成的丰富资源。

---

[1] 董诰等编:《全唐文》,第三册,上海古籍出版社1990年版,第3131页。

第二节　中国古代美学思想与实践的关系

中国古代的美学思想，按照现代西方学术规范看，在理论性、体系性方面尚嫌不足，但它们源于审美实践，包括艺术的创作、鉴赏和批评实践，是值得肯定的。它们是我们进行理论阐发的源头活水。中国极少有严格意义上的美学理论著作，中国古代美学思想一方面依托于一些基本哲学范畴，一方面更多地包含在艺术家的创作体会、艺术鉴赏和批评中。

美学在本质上是理性的、思辨的，是对规律和特征的把握。但中国古代美学思想的研究，不能只限于观念的推导。审美现象是具体、细致和复杂的，美学思想离不开对具体生动的审美现象的分析。联系审美实践，是美学学科性质和中国古代美学思想的传统特征所决定的。中国古代美学思想许多是从创作与批评实践中概括出来的。中国古代的美学思想资源，本来就不是纯粹系统的理论著作，而是源于实践的思想。我们基于中国古代美学思想资源的理论建构，其价值同样需要通过审美实践的例证，艺术批评的实践加以印证，才能判断其价值。

中国古代美学思想的系统性确实需要加强，但首先不能脱离实践，因为中国古代美学思想更关注具体审美现象的诗性特征。理论先行问题，需要辩证地看待。中国古代美学的生命意识本身，大都是对具体艺术作品的感悟。中国古代把艺术作品比喻成一个生命整体，用骨、气、血、肉等概念加以评点。这种比拟的方式，都是感性具体的。我们对美学思想的继承和发展，离不开自己审美经验的验证。无法欣赏和辨别美丑的人，是不能判断美学思想的价值的。朱光潜先生说："不通一艺莫谈艺。"[1]不懂审美的人无法研究美学，看似常识，实际上很多人并不重视。审美实践，特别是艺术实践（包括创作实践和欣赏实践等）是美学研究的根基。不懂审美活动的人发表美学言论，外行说话，不可避免地会隔靴搔痒，甚至颠倒黑白。中国古代的许多美学思想是从文学艺术的创作实践、欣赏实践和批评实践中产生出来的，美学家必须是审美和艺术创作或欣赏、评论的行家里手。

中国古代美学思想的探索需要奠定在对审美现象特别是艺术实践归纳的基础上，而不能只停留在学理的层面作哲理的思辨。美学思想中必然包含着实践基础。中国古代的书画家，重视美学思想的实践验证，重视对感性具体的审美现象的分析。他们常常从艺术实践中概括和总结理论，又使理论在艺术实践和艺术批评中得以展开和践行。美学家基于中国古代美学思想资源加以阐发，必须基于审美实际尤其是艺术实际。在审美实践和美学思想的对应关系中，我们需要对古代美学思想作同情的理解。陈寅恪所谓"了解之同情"、宗白华所谓"同情的了解"，对我们的启示之一，在于我们需要关注相关美学思想的审美实践基础。

中国古代的艺术评论文献既言之有物，又包含哲理。寄情山水的诗性特征，作为审美感悟的呈现，也是哲理的一部分。而具有普遍意义的哲理在美学思想中的运用，也只有通过实践才能得以验证，得以发展。中国古代的美学思想，常常既体现了事物的

---

[1]《朱光潜全集》，第十卷，安徽教育出版社1993年版，第504页。

普遍规律，又反映了具体的审美现象和艺术现象的特征。中国古代重意象、重神韵的文学艺术批评，体现生命意识，需要我们加以概括和总结，以推进中国美学理论体系的建设。

美学研究重视审美实践，一是要关注审美现象，二是要关注前人对审美现象的阐释。《苦瓜和尚画语录》载：

> 山川，天地之形势也。风雨晦明，山川之气象也；疏密深远，山川之约径也；纵横吞吐，山川之节奏也；阴阳浓淡，山川之凝神也；水云聚散，山川之联属也；蹲跳向背，山川之行藏也。[1]

从中可见画家对山川领悟的具体、细密，才能创作出伟大的作品来。古人对于艺术风格的描述也都是感性具体的。

中国古代的许多文艺理论著作重在直觉感悟，便需要从逻辑的角度加以概括和总结，从艺术作品的感性赏析和理性批评统一中揭示审美活动的规律。对中国古代美学思想的研究，需要审美的感悟能力和理论水平的统一。从资源的角度看，中国古代的美学思想常常是具体的、丰富的、深刻的、睿智的，其中也包含着一些经验总结。零碎的感悟式评点背后包含着中国古代的文化背景和思想系统，艺术批评中也包含着直觉体验与理论判断的统一。中国古代文人的许多画记，对作品中的情景和细节描述颇为详细，在此基础上提出的相关论断和主张，乃是基于对作品体验

---

[1] 石涛著，吴丹青注解：《苦瓜和尚画语录》，中州古籍出版社2013年版，第151页。

的总结和概括,是把自发的感觉上升到自觉的理论概括与表述。宋明理学等把审美与艺术方面的思想上升到哲学层面,更是体现了高度的理论自觉意识。

美学理论不能只停留在文学艺术作品具体现象的分析层面,我们需要将思辨和实证结合起来。一方面,美学学科本身不能停留在文本和艺术现象的分析,必须上升为理论。中国古代美学思想的价值,需要从理论上加以提炼和整合,形成系统的美学理论体系,用来指导对古代和当下艺术的批评。理论对批评的影响是古已有之的,艺术批评依赖于一定的理论体系从而增强批评的系统性,并受制于一定的文化背景。如《周易》对中国文化的影响和对中国美学的影响,包括对中国古代文学艺术实践和批评实践的影响。当然,中国美学思想研究也要避免在艺术分析中生搬硬套理论。另一方面,中国美学也不能停留在感性具体实践本身。美学理论不仅以审美体验和判断为基础,而且是一种理智的判断,既有入乎其内的审美实践和体验的基础,又有出乎其外的冷静思考和判断分析。理论需要真正把握到艺术的趣味和特点,从审美感受中作出出乎其外的判断。美学理论归根结底应是对审美现象一种出乎其外的分析和判断。

形而上的美学理论与形而下的实践需要相互印证。中国古代的美学思想中,常常包含着哲学理论与艺术实践的统一。一切有价值有生命力的中国古代美学思想,都是基于审美实践的。而在此基础上的继承创新,也必须适应当下的审美实践。因此,审美实践是中国历代美学思想的根本基础,也是检验美学思想的标准。美学理论的价值在于它源于现实、呼应现实、引导现实。理论与实际之间是一种良性互动的关系。当代美学理论的建构，不仅是在理论上逻辑的自洽，而且需要回应实际。

中国古代美学思想研究要把宏观的视野与微观的实证结合起来，倡导宏观论述和微观实证的融会贯通。一方面，仅仅抽象不足以传达出审美现象的精彩与丰富，另一方面，又需要从整体上进行把握，审视审美现象的整体性特征，心物交融的意象是一个生命整体，而不能只用解剖刀进行肢解。中国古代美学思想研究，既要有大格局的视野，也要有小切口的突破。小切口的突破，需要奠定在实证的基础上。同时，中国古代美学的理论研究不只是逻辑的推论，还应当重视演绎与归纳的统一，重视对审美现象的分析，重视理论概括与逻辑推论的统一。

我们对中国古代美学思想的阐发和弘扬，只有通过古今中外审美现象的参证，才能使思想在理论与实践的结合中获得论证和阐发。其实，要不要借鉴域外理论，如何借鉴，古代和现代都有探索。现代美学家还以理论作为前见，尝试从跨文化语境中印证审美实践。王国维早期借鉴叔本华的思想尝试分析《红楼梦》，朱光潜借鉴西方美学理论参证中国古代文学艺术，都是积极尝试的例证。宗白华在《邓以蛰美术文集》序言中说邓以蛰："他写的文章，把西洋的科学精神和中国的艺术传统结合起来，分析问题很细致。"[1] 邓以蛰在科学精神的基础上重视艺术传统，重视对具体艺术作品和文艺现象的分析。李泽厚结合克莱夫·贝尔的"有意味的形式"，对中国古代的审美趣味加以阐述。这些前辈们

---

[1] 邓以蛰著，刘纲纪编：《邓以蛰美术文集》，人民美术出版社1993年版。第1页。

曾经作过种种的尝试和探索，其中既有经验，也有教训。我们尤其要避免简单地运用西方相关理论对中国古代的艺术作品作罔顾实践的生搬硬套。

理论建构与印证实践是并行不悖的。每个历史时期的美学思想，都离不开当时的社会实际。中国古代美学思想对中国古代的艺术创作、欣赏和批评实践有重要影响，这些作品迄今依然有生命力和价值，而与之相应的美学思想同样也是有价值的。我们要超越时代的局限，面向当下的审美实践，站在当代的立场上对其进行重构，回应当代的美学基本问题，使其焕发生机。中国美学理论建构需要重视概念的开放性和包容性，站在整体的层面上对概念加以阐发，通过整体性思维把握和整合具体资源，避免盲人摸象式的以偏概全的局限，揭示中国古代美学思想的潜在价值。中国特色美学理论体系的建立，要立足于中国当代的审美实际。如何使中国美学理论体系与当代艺术实践和审美实践相结合，是检验其价值、意义和科学性的重要方面。中国美学的理论建构需要激活中国传统思想资源，重视学理的严谨性和实用的指导性，将宏观结构与微观概念结合起来，对可印证的理论资源加以整合。

第三节　审美意识对美学思想的印证

中国古代的美学研究，不但要研究美学思想，还要研究审美意识，尤其要重视审美意识与美学思想的相互印证。审美意识中既有艺术家们对前人审美趣味的继承，又包含着个人的灵感和创造，是中国古代美学思想的实践基础，在审美实践中得以丰富和发展。而审美意识在交流和碰撞中得以深化和发展，美学思想必须依托于审美意识，才能成为有本之木，有源之水。美学思想的合理性和深刻性，可以从审美意识中得到验证。

审美意识是审美实践的产物，是人们在审美活动与文学艺术等创造中所体现的审美趣味和审美理想，其中包含着丰富的审美经验，是美学思想的源头活水。它们充分体现在历代的工艺品和文学艺术作品之中。美学思想不可能是空中楼阁，它在一定程度上是审美意识的概括和总结。审美意识所包含的内容，可以印证和修正中国古代美学思想的内容，也可以直接从中概括和总结出美学思想。历代伟大学者的美学思想，都是直接从审美意识中概括和提炼出来的。当然，自发的审美意识只有上升到美学思想，才能有助于自觉的学术反思，才能有助于推动美学学科的理论建设。指向未来的美学思想的发展，离不开作为美学思想基础的审美意识。

中国数千年的审美意识长期存在于历代的艺术作品和器物中，存在于世代相传的文化氛围中。从数千年创造的艺术品和工艺品里所体现的审美意识中提炼和研究美学理论，印证历代学者的美学思想，在艺术批评实践中应用和检验美学理论，是一条可行的路径。在中国美学的理论研究中，结合具体的、个性的审美意识来阐发相关美学思想，从而在各个具体时代背景和艺术实践中领会具体美学思想的生成和发展。

审美意识是主体在长期的审美活动中形成的。它们存活在主体的心灵之中，通过口头和实物得以传承。它们保留在现实的环境之中，是后代继承发展的基础。后人通过评点和总结，形成了美学思想。《周礼·考工记》就是春秋战国时代的学人对当时工艺的概括和总结，这就说明审美意识是美学思想的源泉。审美意识发展变迁的历程，体现着美学思想发展变迁规律的脉络。密切联系审美意识研究美学思想，可以弄清美学思想的来龙去脉，有助于中国古代美学思想研究的继往开来。

中国古代的艺术作品和艺术实践中包含着丰富的审美意识，它们与中国古代的文献资料、美学思想相互印证，从而对我们理解美学理论具有重要价值。中国古代关于审美方面的卓越思想，大都来自审美实践，尤其是审美活动中的艺术实践。中国古代的美学思想研究，需要对中国古代的文学艺术包括工艺等有所了解。缺乏审美能力的人，很难在美学学理上有贡献。宗白华的美学论文，常常以大量的中国古代艺术的实例阐述中国古代美学思想。他在《中国美学史中重要问题的初步探索》中说："大量的出土文物器具给我们提供了许多新鲜的古代艺术形象，可以同原有的古代文献资料互相印证，启发或加深我们对原有文献资料的认识。""仅仅限于文字，我们对于这些古代思想家的美学思想往往了解得不具体，因而不深刻，我们应该结合古代的工艺品、美术品来研究。"[1] 重视审美意识的研究与美学思想相参证，重视美学思想产生的历史语境。李泽厚《美的历程》，结合中国古代的审美实践，对它们加以归纳、验证和审视。他从审美意识的角度入手，讨论的是审美意识的发展历程，结合具体艺术作品和审美现象的分析，从中概括并总结审美规律。

---

[1]《宗白华全集》，第三卷，安徽教育出版社2008年版，第448—449页。

中国古代的审美意识，包括历代文学艺术品既是相关理论的源泉，又对相关哲学理论加以印证。当然这些源自哲学的理论也会影响到艺术实践，在具体的"传神"等范畴的思想内涵上，常常借助于创作实践和欣赏批评实践加以深入阐发。顾恺之的传神写照，既包括实践的体会总结，和形神论思想又密切相关。中国古代艺术作品中，包含了主体对宇宙人生的审美领悟。南朝宋王微《叙画》所谓"以一管之笔，拟太虚之体"[1]，就是追求一种体道的境界。

中国古代美学研究，应该是审美意识、美学思想和美学史研究三者的互补统一。其中审美意识是美学思想和美学史研究的基础。从史前开始，先民们虽然没有对审美现象自觉反思的美学思想，但是他们从原始岩画、陶器、玉器、青铜器等器物的创造中，在造型和文饰等方面体现了审美趣味和审美理想，形成了自己的独特风格。而神话传说和民歌民谣等语言艺术，同样是先民们的审美创造，其中体现了自发的审美意识，为后来自觉的美学思想的形成和发展奠定了基础。这些器物创造和文学艺术创造中所体现的审美意识，始终是审美实践的源头。我们研究中国古代美学思想的时候，应当将其与审美意识相互参证，这样才能有利于深化理解和阐发。王国维《古史新证》说要把"纸上之材料"与"地下之新材料"相互补正，这种新材料便包括出土器物中所体现的审美意识。这便是所谓的"二重证据法"。

---

[1] 王微著，陈传席译解，吴焯校订：《叙画》，人民美术出版社1985年版，第3页。

第四节　王国维美学研究中的实证精神

王国维力求美学研究的思辨性与实证性统一,高度重视美学研究的实证精神。王国维宏观上借鉴西方的科学方法,而在微观上继承了"汉学"以来的考据传统和点评方法,两者统一,使得他的美学研究更趋于严谨。因此,他的实证精神是清代朴学与西方科学精神的结合,继承了乾嘉学派"言必有据,据必可信"的精神。例如,他在考证元曲所用的曲子时,参证了《中原音韵》;考证元杂剧的时间和地点时,参证了《录鬼簿》和《太和正音谱》;考证元杂剧的存亡时,参证了《元曲选》和《也是园书目》等,有力地保障了其审美特征研究的精准和严谨。

王国维继承了中国古代的"知人论世"传统,高度重视社会背景和古代传统的研究。他曾说:"欲知古人,必先论其世;欲知后代,必先求诸古。欲知一国之文学,非知其国古今之情状、学术不可也。"[1] 从中看出他对中国戏曲起源的"观其会通,窥其奥窔"观,要求"究其渊源,明其变化之迹"[2],这显然继承了中国传统美学观,并在哲学的统驭下,体现了历史意识。

陈寅恪《王静安先生遗书序》中所指出的王国维"取异族之故书与吾国之旧籍互相补正",即各周边少数民族与中原文化的

---

[1] 王国维:《静安文集续编·译本琵琶记序》,载《王国维遗书》,第五册,上海古籍书店1983年版,第35页。

[2] 王国维:《宋元戏曲考》,载《王国维遗书》,第十五册,上海古籍书店1983年版,第1页。

互证等,虽然主要是说他的史学研究的,但在美学问题上也有体现。以古代少数民族和周边国家的古籍与中国中原古籍相互补证。有时候古代的艺术等常常由于传播媒介等因素的限制,导致失传,但时常会存活在少数民族的艺术之中。在论述中原文化对周边少数民族文化的吸取发展时,王国维专门谈到了异族文化和周边少数民族文化对中原戏曲的影响。他曾经说:"盖魏齐周三朝,皆以外族入主中国,其与西域诸国交通频繁,龟兹、天竺、康国、安国等乐,皆于此时入中国,而龟兹乐则自隋唐以来,相承用之,以迄于今。此时外国戏剧,当与之俱入中国。"[1] 以此考证中国艺术吸纳和融合了周边民族的艺术,揭示出中国古代审美意识的发展特点。

在《王静安先生遗书序》中,陈寅恪还提到王国维以文献与地下文物相互参证:"取地下之实物与纸上之遗文互相释证。"即王国维自己提倡并运用的"二重证据法"。王国维曾说:"吾辈生于今日,幸于纸上之材料外,更得地下之新材料,由此种材料,我辈固得据以补正纸上之材料,亦得证明古书某部分全为实录。即百家不雅驯之言,亦不无表示一面之事实。此二重证据法,惟在今日始为得之。"[2] 有时候,地下文物甚至比文献记载更为可靠、更为重要。赵明诚《金石录序》中就曾说过:"史牒出于后人之手,不能无失,而刻词当时所立,可信不疑。"王国维正赶上清代后期古代文物大量出土的时期,特别是殷墟甲骨的发现,

---

[1] 王国维:《宋元戏曲考》,载《王国维遗书》,第十五册,上海古籍书店1983年版,第5页。
[2] 王国维:《古史新证——王国维最后的讲义》,清华大学出版社1994年版,第2页。

为学术研究带来了可贵的机遇。虽然王国维本人将这种方法主要用在历史研究上，但我们今天同样可以用它来研究史前和夏商周乃至后代的审美意识。通过出土的石器、玉器、陶器和青铜器等实物，以及甲骨文、帛书的记载，与古代文献相互参证，来研究中国古代的审美意识和美学思想。

王国维在研究戏曲时的比较方法，同样是实证精神的体现。他对南戏《拜月亭》与关汉卿的《拜月亭》进行了一番比较研究，发现南戏对关汉卿《拜月亭》的承袭与体制上的改变，"《拜月》佳处，大都蹈袭关汉卿《闺怨佳人拜月亭》杂剧，但变其体制耳"[1]，从而公允地评价了南戏与元杂剧，勾勒了宋元戏曲的发展轮廓。又如，他论述唐代戏曲时对滑稽戏和歌舞戏的比较，也同样体现了实证精神。通过比较，两者的特点便清楚地显现出来，"则一以歌舞为主，一以言语为主；一则演故事，一则讽时事；一为应节之舞蹈，一为随意之动作；一可永久演之，一则除一时一地外，不容施于他处"[2]，客观考察了古典戏曲的演变与发展。

王国维的实证精神还体现在他对美学所进行的多学科的综合研究上。王国维在对叔本华哲学思想怀疑以后，还进行过教育学和心理学的翻译和研究工作，并将其贯穿到美学研究之中。他在《人间词话》和《宋元戏曲考》中，体现了哲学、心理学和文学批评的综合研究。这与他早年精研哲学与西方各种文化思想有

---

[1] 王国维：《宋元戏曲考》，载《王国维遗书》，第十五册，上海古籍书店1983年版，第90页。
[2] 王国维：《宋元戏曲考》，载《王国维遗书》，第十五册，上海古籍书店1983年版，第11页。

关。《人间词话》与《宋元戏曲考》都涉及了审美心理的问题，是王国维融合了中西美学思想之后，以哲学、心理学为基础，对我国古典文学所作的评论。《人间词话》中的"入"与"出"、"隔"与"不隔"、"有我之境"与"无我之境"等既是文学批评的范畴，同时也体现了心理学的方法。其《宋元戏曲考》对元杂剧的高度评价也深受叔本华悲观主义哲学的影响。他说："（元曲）其最有悲剧之性质者，则如关汉卿之《窦娥冤》，纪君祥之《赵氏孤儿》。剧中虽有恶人交构其间，而其蹈汤赴火者，仍出于主人翁之意志，即列之于世界大悲剧中，亦无愧色也。"[1] 从中体现了美学和伦理学的综合。在《红楼梦评论》中，王国维从美学、伦理学、心理学、艺术学等方面揭示了《红楼梦》的价值。这些都是王国维进行多学科综合研究的结果。这种多学科的综合研究使得中国近代美学进入了一种更高、更新的境界，也开拓了我国文学批评的新的历史阶段。

王国维美学研究的实证精神还表现在他对中国美学思想的总结和反思上。我国的美学思想虽早在先秦时期就已十分丰富，但这些美学思想始终未进行过系统的总结和反思。王国维对这一点作出了认真的反思。1905 年，王国维在其《论新学语之输入》一文中指出：

> 抑我国人之特质，实际的也，通俗的也；……吾国人之所长，宁在于实践之方面，而于理论之方面，则以具体的知

---

[1] 王国维：《宋元戏曲考》，载《王国维遗书》，第十五册，上海古籍书店1983年版，第74页。

识为满足，至分类之事，则除迫于实际之需要外，殆不欲穷究之也。[1]

这是王国维从我国传统思维方式的角度对中国美学理论形态所进行的反思，可谓切中肯綮。

总之，王国维美学研究的实证精神既不以传统圣贤之言为准，也不以新学菲薄旧学，既不盲目崇洋，也不盲目排外，而唯真理是从，兼收并蓄，对中国传统美学作出了超越性的发展。他受乾嘉学派的影响与西方哲学方法论的熏陶，注重实证，形成了自己独特的学术风格与治学方式。他的实证精神体现了他的历史意识和历史方法，同时又不拘于历史的视角，还包含了横向比较和多学科综合，不仅对当时的学术研究影响深远，而且对当代的美学研究具有借鉴意义。

第五节　基于实践的美学思想的语言表达

美学作为哲学的分支，对它进行逻辑概括和理论推导，提高表达的精准性和科学性是非常必要的，有助于美学的学科化和学理化。但是，我们在尊重现代学术规范的前提下，依然需要重视中国古代美学思想中语言表达的特征，发挥中国古代学术思想的优点，有助于深刻理解中国古代的美学思想，也有助于我们具体贴切地传达我们对审美的理解。鉴于审美现象尤其是艺术作品和

---

[1] 王国维：《论新学语之输入》，载《王国维遗书》，第五册，上海古籍书店1983年版，第98页。

艺术活动等都是感性具体的,中国古人在表达美学思想的时候,常常运用具体、形象、生动的语言加以传达,使表达更为贴切、精微。他们非常重视语言的锤炼,追求语不惊人誓不休的境界。既要言之有理,又要言之有物。言之有理,就是要观点鲜明,不能王顾左右而言他;言之有物,就是要明确地针对具体问题,不能"三纸无驴",要体现具体与抽象的统一。

中国古代美学思想常常在内容上结合审美实践,在语言表现上呈现感性特征,通过感性具体的现象描述,以一种直觉式领悟表达对重要范畴的体会,以感性具体的物象来表达抽象的思想,或让人们从寓言典故中悟出哲理,或用隐喻等方式表达含义的丰富性,指月式的形象化的表达,充分运用语言的张力,引导人们把握具体含义,激发读者通过想象体验,在心中重构情境。

《周易》中的语言就是感性、生动、具体、有诗意的。易卦爻辞中就常常通过感性具体的语言摹情状物,表情达意,富有哲理。《周易略例·明象》所谓"触类可为其象,合义可为其征"[1],说明易象思维通过类比、象征的思维,以象表意,达到触类旁通。钱锺书《管锥编》说:"《易》之拟象不即,指示意义之符(sign)也;《诗》之比喻不离,体示意义之迹(icon)也。不即者可以取代,不离者勿容更张。"[2]他认为哲学思想通过拟象说理,只要把理说清楚了,换一种比喻方法也是可以的。当然,诗歌喻体与意味是水乳交融的,其独特性是无法替代的。美学思想则重在说明审美现象的规律,以感性形态呈现美学思想的

---

[1] 王弼著,楼宇烈校释:《王弼集校释》(下),中华书局1980年版,第609页。
[2] 钱锺书:《管锥编》,第一册,中华书局1986年版,第12页。

学理，与艺术的审美呈现不同。

道家美学思想的语言表达方式也常常是感性具体的。以抽象说理著称的《老子》五千言，也常常通过一些比喻，阐释抽象的哲理。老子的这种"理喻"作为一种普遍规律的总结，对于具体的审美现象尤其艺术现象中规律的把握，无疑是有启发的。《庄子》更是常常通过寓言故事申说深刻的思想。庄子通过"庖丁解牛"的寓言故事，揭示技与道的关系。其他如"轮扁语斤""津人操舟"等寓言故事不只是作为一种佐证，其本身就具有丰富性、深刻性，对我们理解艺术创作等审美活动富有启发，引发后来者不断地从不同角度加以阐发，推动了技—艺—道关系及其思想的深化。

佛学中的禅宗思想，同样是通过感性具体的表述，阐发富于哲理的思想。禅宗强调不立文字，教外别传，但是又不离文字，必须通过文字引导人们去领悟。禅宗常常在自然山水和日常生活中参禅悟道，运用了许多口语、俗语和诗性化的感性语言，以及譬喻等修辞手法表达具体的意味，帮助人们领悟禅理。《坛经》有：

> 故知本性自有般若之智，自用智惠观照，不假文字。譬如其雨水，不从天有，元是龙王于江海中，将身引此水，令一切众生、一切草木、一切有情无情，悉皆蒙润。诸水众流，却入大海，海纳众水，合为一体；众生本性般若之智，亦复如是。[1]

---

[1] 慧能著，郭朋校释：《坛经校释》，中华书局1983年版，第54页。

撇开其中的学理是非不谈，这种运用譬喻说理的语言表达方式，在禅宗著述中是常见的。其他如《五灯会元》所谓"万古长空，一朝风月"[1]"雁过长空，影沉寒水"[2]等，都是用具体的物象阐发禅理。禅宗的机锋常常有些无厘头，其目的在于通过感性具体的方式导向交流，从言内与言外的统一中拓展表达。他们所谓"指月"，乃是超越以概念表达意义的层面，引导人们体会意蕴。这本身就有感性具体的意味，让人们心有灵犀，从而达到以心印心的效果。严羽《沧浪诗话·诗辨》："故其妙处透彻玲珑，不可凑泊，如空中之音，相中之色，水中之月，镜中之象，言有尽而意无穷。"[3]就是借鉴了禅宗语言的表达方式。

诗性语言在中国古代文论中表达得尤其明显。陆机《文赋》：

> 其始也，皆收视反听，耽思傍讯。精骛八极，心游万仞。其致也，情曈昽而弥鲜，物昭晰而互进。倾群言之沥液，漱六艺之芳润。浮天渊以安流，濯下泉而潜浸。于是沉辞怫悦，若游鱼衔钩而出重渊之深；浮藻联翩，若翰鸟缨缴而坠曾云之峻。[4]

审美活动的具体体验，需要通过感性形象的语言加以呈现。陈子昂称颂东方虬《咏孤桐篇》："骨气端翔，音情顿挫，光英朗

---

[1] 普济著，苏渊雷点校：《五灯会元》（上），中华书局1984年版，第66页。
[2] 普济著，苏渊雷点校：《五灯会元》（下），中华书局1984年版，第911页。
[3] 严羽著，郭绍虞校释：《沧浪诗话校释》，人民文学出版社1961年版，第26页。
[4] 陆机著，张少康集释：《文赋集释》，人民文学出版社2022年版，第36页。

练，有金石声。"[1]评价具体生动。司空图《与极浦书》中戴容州（叔伦）云："诗家之景，如蓝田日暖，良玉生烟，可望而不可置于眉睫之前也。"[2]苏轼《自评文》云："吾文如万斛泉源，不择地皆可出，在平地滔滔汩汩，虽一日千里无难。及其与山石曲折，随物赋形，而不可知也。所可知者，常行于所当行，常止于不可不止，如是而已矣。"[3]都是通过感性具体的比拟，传达哲理性思想，通过感性生动的语言表达，导向对具体诗歌现象的领悟。王士禛《池北偶谈》卷十八引林光朝《艾轩集》中的话，把苏轼和黄庭坚的作品，比喻成男女的差别："譬如丈夫见客，大踏步便出去，若女子便有许多妆裹，此坡、谷之别。"[4]刘熙载《艺概·诗概》说："花鸟缠绵，云雷奋发，弦泉幽咽，雪月空明，诗不出此四境。"[5]通过四种景色描绘四种诗歌境界。姚鼐《复鲁絜非书》载：

> 其得于阳与刚之美者，则其文如霆如电，如长风之出谷，如崇山峻崖，如决大川，如奔骐骥；其光也，如杲日，如火，如金镠铁；其于人也，如凭高视远，如君而朝万众，如鼓万勇士而战之。其得于阴与柔之美者，则其文如升初

---

[1] 陈子昂撰，徐鹏校点：《陈子昂集》，上海古籍出版社2013年版，第16页。
[2] 司空图著，祖保泉、陶礼天笺校：《司空表圣诗文集笺校》，安徽大学出版社2002年版，第215页。
[3] 苏轼著，傅成、穆俦标点：《苏轼全集》（下），上海古籍出版社2000年版，第2100页。
[4] 《王士禛全集》，第四卷，齐鲁书社2007年版，第3291页。
[5] 刘熙载：《艺概》，上海古籍出版社1978年版，第84页。

日,如清风,如云,如霞,如烟,如幽林曲涧,如沦,如漾,如珠玉之辉,如鸿鹄之鸣而入寥廓。其于人也,漻乎其如叹,邈乎其如有思,暖乎其如喜,愀乎其如悲。[1]

更是以形象生动的比喻,描绘阳刚之美的特征。

中国书论中的语言,也同样是感性具体的,力求借助各类物象和事象,运用比喻等方式加以传达,从而揭示出书家师法造化、寄寓情怀的特点。蔡邕《笔论》:"为书之体,须入其形,若坐若行,若飞若动,若往若来,若卧若起,若愁若喜,若虫食木叶,若利剑长戈,若强弓硬矢,若水火,若云雾,若日月,纵横有可象者,方得谓之书矣。"[2]用日月云雾和动植物等自然万象与社会事象比喻书体,书法的抽象线条也通过感性物象和事象加以呈现。卫铄《笔阵图》"点如高峰坠石,磕磕然实如崩也。"[3]描绘了师法自然的效果,表现出一种动势,讲究生机勃勃、元气淋漓,从中体现了生命意识。这类比拟的方式,有的是比喻其仪态,尤其是动势,有的是比喻其神韵,有的是比喻其风格,等等,不一而足。这种点评方式,在当时形成了一种风气,后来的刘义庆编撰的《世说新语》也是用这类语言品评人物的,并且从

---

[1] 姚鼐:《惜抱轩全集》,中国书店1991年版,第71页。
[2] 上海书画出版社、华东师范大学古籍整理研究室选编校点:《历代书法论文选》,上海书画出版社2014年版,第6页。
[3] 上海书画出版社、华东师范大学古籍整理研究室选编校点:《历代书法论文选》,上海书画出版社2014年版,第22页。

此形成了一种传统。近人康有为说"相斯之笔画如铁石,体若飞动"[1],说明用笔苍劲有力而灵动。这些书论根据汉字中象形元素"法象自然"的特点,通过作者和读者共同的生活经验和审美经验进行交流。其他还有艺术门类之间的互鉴,如借用音乐术语的韵等评价书画艺术,都有比拟的成分。

中国古代的美学思想常常用灵动的笔触,以象表意,通过具体、生动、鲜明的物象,甚至方言、口语等,来表达抽象缜密、富有哲理的思想。古人常常运用文学性的语言分析艺术现象,如用诗、赋等文学形式分析和论述书法、舞蹈和诗赋本身。从这些文学的描写中,我们可以见出作者的审美观点。其中充分利用语言表达的张力,表达自己的感悟,引发阅读者通过阅读文本能动地参与美学思想文本的理解与重构。在今天看来,这种表达方式也许不符合学术表达的习惯,但是其中的比拟等方法,让内容获得感性地传达,乃至更为传神,有助于读者理解。其中无论是创作体会,还是批评用语,都是学术共同体相互交流的语言,包括儒道释思想中的语言,也包括各具体艺术圈内的行话,而不可能是学者独自在家闭门造车,自己造出一批概念自说自话。我们当代的中国古代美学思想研究,在语言表达上需要继承中国古代美学思想资源中语言的隽永与灵动,借鉴西方美学语言表达的明晰性和确定性。

总而言之,美学理论应该是开放的,或概括和总结过去的审美经验,或提倡一种新的审美风尚,均与审美实践密切相关。在

---

[1] 上海书画出版社、华东师范大学古籍整理研究室选编校点:《历代书法论文选》,上海书画出版社2014年版,第784—785页。

美学学者的人生体验中，有着民族和时代的烙印。中国古代的美学思想，除了一部分哲思被运用于艺术外，很多都是画家的感悟，更多的是对艺术家和作品的赏析和点评。同时，对传统审美实践的检验也是基础。中国古代美学思想研究，不可能不打上当代的烙印，根据美学学科的基本规范去整合古代思想资源，让它们在现代语境中获得阐发，展开古今对话，在中西会通的背景上理解中国古代美学。古人的许多美学思想，都包含在具体作品的批评实践中。当然，在当代研究中的以今律古，不能牺牲中国古代美学思想资源的准确性、深刻性和丰富性。中国古代美学理论资源多以艺术的审美价值为基础，总结和评价过去，关注艺术趣味和艺术风尚（如萧散淡远），我们要将传统思想的理论价值与当下的审美实践结合起来，倡导一种基于现实的审美风格。

结语

中国古代有着丰富的美学思想，它们是中华文化几千年绵延发展的思想结晶。其中既有不少与西方美学思想的共识，又有着自己独到的见解，充分体现了深刻性和系统性。中国古代先贤在特定时空环境中的审美实践，尤其是在艺术实践中，积累了宝贵的经验。他们在看待问题的视角和对审美实践的总结与审美趣味的倡导等方面，充分显示了自己的生命情趣和独到的创见。美学方法与美学思想是紧密地联系在一起的，伟大的思想得益于精当的研究方法。这些美学思想中所包含的中国历代学者探索和积累的研究方法，具体呈现在中国古代哲学和各门类艺术的研究方法之中，对中国古代美学思想的产生和发展起到了重要的工具作用，也是世界美学思想的有机组成部分，值得我们重视和继承。

中国古代美学的研究方法具有很强的历史意识，体现了古人融汇古今、会通适变的自觉追求。中国古代学者在追源溯流的过程中审视历代的美学思想，高度重视和阐释先哲们流传下来的伟大经典，力图把握这些美学思想的生成和发展规律，并加以发扬光大，自觉地担当起美学思想继往开来的伟大重任，形成了一个源远流长、不断深化和丰富的传统。

历代学者在对既往美学思想的传承阐释和开拓创新的过程中，有着神圣的使命感。他们在对古代文献的阐释方法上，体现了"六经注我"和"我注六经"的统一；在美学思想的语言表达方式上，他们则体现了禅宗的所谓"话月"和"指月"的统一，在确定性和不确定性的统一中最大限度地增强了美学思想的严谨性和丰富性。这些中国传统的美学阐释方法，与美学思想密切关联，是中国古代重要的精神财富，也同样是人类重要的精神财富。

在全球化时代，中国古代美学思想的研究方法，不能抱残守缺、故步自封，应当借鉴西方的美学研究方法，更好地推动中国古代美学思想的继承创新，使中国古代美学思想资源更好地为世界所接受。这不仅因为近代美学学科诞生于西方，更因为要推进中国古代美学思想研究的深化和现代化。我们需要在方法上更进一步地拓展，使方法更加多元和现代，从而使中国古代美学思想研究获得更多的助力。

中国古代美学思想的研究方法要有利于揭示出中国古代美学思想中原创性的特征，有利于揭示出中国古代美学思想中的潜在体系，也要有利于指导当下的审美实践和当代美学理论的学科建设。我们要把中国古代独特的美学术语、美学范畴和美学命题及其潜在体系，运用到当代美学理论的建构中，使它们成为中国乃至世界美学知识体系的一部分。

附录

研究方法访谈

本体美学的研究方法
——成中英教授访谈录

成中英　朱志荣

成中英（Chung-Ying Cheng，1935— ），祖籍湖北省阳新县，美籍华人学者，1955年毕业于台湾大学外文系，1958年获华盛顿大学哲学与逻辑学硕士学位，并入哈佛大学深造，1963年获得哈佛大学哲学博士学位。他是世界著名哲学家、著名管理哲学家，现代新儒家代表人物，被认为是"第三代新儒家"的代表人物之一，现为美国夏威夷大学哲学系教授、"国际中国哲学会"荣誉会长、国际《易经》学会主席、国际易学导师资格评审委员会主席、国际环境决策管理咨询委员会（IACEDM）环境哲学总顾问。

2012年6月7日晚，我在上海交通大学闵行校区的宾馆里拜访了成中英教授，就本体美学的研究方法等问题请教了成教授，希望通过他的回答，让大家知道他的美学思想和他所倡导的美学研究方法。下面是他对访谈的回答。

1. 朱志荣（以下简称"朱"）：成先生，您好！很高兴能与您围绕本体美学的研究方法问题进行一次对话。您作为新儒学研究的代表人物，致力于将哲学的本体诠释学方法具体运用到美学中，倡导中国的本体美学。能否谈谈您的中国本体美学思想？以及您认为本体诠释学方法有怎样的价值和意义？

成中英（以下简称"成"）：一般人认为美学研究的是对美的欣赏或一种直觉。那么什么是美？我觉得可以从两方面来看。一方面，我们说美学不只是美的学问，它是艺术的基础，甚至是人类文明发展的基础，这里的原因何在？另一方面，有人说美学在哲学中并不是最重要的学科。比如形上学、本体学，或者是知识论、伦理学等，这些都是最根本的。我们一般都有一种真善美的认识，作为一个哲学学科来说，美学是一种比较边缘的学科。但有另外一点需要指出，在中国汉语系统里，对美的强调，尤其在哲学中，比西方要多得多，把美学当作主要的、重要的学科来看待，是什么原因？在深度思考上，美与其他价值，尤其跟真、善这两个有密切关系。在英文系统中，倒不一定把美（beauty）与善连在一块。我指出这个现象，这是什么道理？

我为什么要提出本体美学这个概念呢？为什么要把美学建筑在对本体的认识基础上呢？这是因为，作为一个学科来说，我们应该有一个自觉的对本体的了解，但作为一个人类经验的现象来说，我个人认为，在自觉的对本体的认识中会看到，其实美学是可以、应该而且事实上也有一种本体论的基础，但这不太为人们所特别强调。

在英文系统中，美的对象的系统性，说它的存在性，用现象学的眼光，美的现象有它存在的一种本质。我说的是本体，还是要从人类对美的基本的感受说起，这跟西方强调这种美的 ontology

或 aesthetics，基本是在讨论 aesthetic objects，就是美感，审美对象，对美的存在物的认识。柏拉图就是最好的例子，他认为就有美的形式、美的对象，美是一个理式（idea），一个本质（essence），是一个完美的理式（idea）。柏拉图对话录中追求美的理想，其实是一种本质的存在。本质和本体差别在于，本质是对象化的，本体是基于人对对象化的感受，它有客观意义，因为在我对本体的认识里面，我们看到人作为宇宙的一部分，有一种内在感受能力，透过经验，透过反思，形成一种可以用来描述经验的语言或符号，来达到对自己经验的描述。其中有一部分是美的经验，那么美的经验显然更是属于人的存在的内涵的。所以这里我觉得应该将本质论美学和本体论美学分开来，西方比较强调本质论美学。中国是本体论美学。这个本体论概念我认为由来甚久，从《周易》开始，元亨利贞是宇宙本体论，涉及人的，基于价值的概念，它既是成就，又是发展，又是价值的状态。人可以享有这样的状态，那么人的行为、人的处境、人的想法都是很珍贵的。这就是所谓本体的存在。《周易·文言》中的一句话，在《坤卦》中的"正位居体""黄中通理""畅于四支""美在其中"这些话可能受的是孔子的启发，你在宇宙的位置很对，你能够感受一切，然后你又能够跟宇宙沟通，能够和天地上下交流，然后你的四肢就能感到一种宇宙的活力和生命力，就是"美在其中"了。美是一种体验，是一种身心的体验，双方都很放松，都很畅通，身心一体又与宇宙万物畅通。这只是一种更形象的、理想的说法。当我们感到畅通的时候，我们看着美景，看良辰美景，看春花秋月，宇宙中每个人都能通过那个感通点，我就感到和宇宙有一种沟通，而且宇宙就在我的心中表达出来，我感受到一种什么样的存在。那种感受是一种知觉。这种身心和谐、内外整体和谐，又好像与当前的一种情景能够融合。这就是本体的美。本质的美是要通过理念把它当作一个对象。而本体的美是从内发射出来，成为一种身体和生命存在的状态。这就是本体的美和本质的美的区别。

我想本体美学有两点特别突出，一是强调从人的内在深度感受发展出来的一种知觉和情感。至于是哪一种知觉、哪一种情感，可以继续研究。而这并不一定是主观的。本体论是指人的本体和宇宙的本体在深处是一体的，人是宇宙的一部分。至于宇宙是通过什么机制创造出来的，是另外一个问题。人是宇宙创造出来的，但我们不要忘记我们是人。宇宙的本就是人的本，人的本就是宇宙的本。那么在这种基础上，我们有一种深刻的感受显然也不只是主观的吧。主观只是局限在表层的一种知觉上，没有超越知觉。事实上，有时也不需要超越。知觉上内外打通，人与宇宙的贯通，感觉宇宙为你而感，那么那种美的感受我们就叫作美感，有高度和谐感和高度欣悦性的感受。美的感受不是纯粹主观的，而是宇宙本身的表达，在这一点上就是客观的。

康德说每个人都有人性，每个人在主观上都可能一致，基于对人性的判断和信任，我们说它们也可以共通。这也可以说是知识论的说法。我们说得更深一点，我们在与宇宙的共通中达到一种深度，当然也可以说也许没有达到这样一种深度，你当然就不能打动人。那你的本体感还没有这样的深度，并不是说你在理论上不可以找到这样的深度。所以可以这样来解释，为什么美感还有这样大的差别，为什么主观的比如说趣味、情趣、志趣、风格等，那是从经验背景的特殊性来说的。这是很清楚的，因为即使万物都生于宇宙，但只有人对宇宙的感受，我们认为是一种美的感受。假如说鸟类、鱼类，以及猫狗等动物，它们有没有美的感受？在我们认为美的环境中，它们有没有感到这是一种美？显然它们的感受跟我们不一样。它们没有一种感觉的机能，它们没有达到一种可以和宇宙沟通的深度。动物之间有差异，鸟类、鱼类的感受，也有这样的差异。我们说鱼感到快乐，也是庄子说的。如果真的能和鱼对话，它们听得懂庄子的话，也许它们会说这是对的，我就是快乐的。所以动物有这样的差异，人和人之间也有这样的差异。你感到没办法掌握住人的纯粹性，某种美的境界、某种感受，或细致的、精密的地方，不同的文化传统在这方面会有不同的体验。如日本人对樱花有一种体验，樱花之美在于它是一种哀愁。中国人对梅花、桃花、牡丹花，就像周敦颐说的，这种人的不同的感受，作为一般的人会喜欢牡丹，因为一般人喜欢对富有的追求、对生活舒适的追求；还有一种清高的人欣赏竹子的美，竹子有节，所以是一种高风亮节；还有人欣赏幽谷的兰花，那种清高和孤芳独赏。甚至有人喜欢菊花，是君子，有一种幽香、深沉的美。中国人对梅花情有独钟，梅花是不是我们的国花？但中国人对梅花的确是有感情的，中国人喜欢在坚韧的情况之下，还能够挺拔起来，创造出灿烂的辉煌。可见本体的感受一定是多元的，美有层次和深度的差别，那么也反映出志趣和生命的理想。我觉得本体美是一种非常重要的认识，但我们在美学的修养上没有去谈这个问题。

美是需要修养的，那怎么去修养？事实上就涉及道德性的意义和本体性的意义、知识性的意义。美是一种综合体，它反映着一个人的知识、生活状态，修养的程度，反映着他的一种志节——这些都是美的内涵。我们看到一个问题，要用委婉或夸张的方式将其表达出来，这也是一种感受，在一种广义的美上也是一种美。所以在对待美的概念上，要把它当作 flexible，就是一种比较不定的、上下左右可以伸缩的、可以寄予体验或感情的、有一种高度包容性的、又能够曲化的、能区分各种类别的这样一种复杂系统，并没有这样那样的定型。人是一种有生命的动物，在宇宙中与过去有延续性、能不断发展，在人与人之间有不断的交流。在这样的层面上，东西方不同的美都能彼此欣赏，古今之美也不会因为"古"而不能去欣赏它，因为其中包含着意识的或心灵的感受。其作用，你后来问到心理的作用，我等一下加强地说一下，当然里面也涉及诠释性的东西，因为你要表述这种美的时候，你不得不提到这种本体性的内涵。

总体来说，本体美学是基于本体诠释学的，首先也基于本体的意识。它的价值何在？就在于更深地去拓展了美的深度、广度及变化度和各种层次，否则美的研究过于死板、美学缺乏活力，有时甚至变为一种形式上的美，或者成为对个别的、具体美的说明，而不是对美整个一个生命的体验有更多更丰富的说明，于是就会抽象化了。西方的美学有时读起来比较枯燥，原因就在于它会变成一种对象化的本质主义，或者就变成非常具体的、非常特殊化的经验陈述。这种情况事实上没有得到完整的表露。只有透过中国人的讲述，那种人生的整体性、生命的整体性、人的生命的本体性、宇宙生命的本体性才会相互激荡或抑制，在那种状态之下再界定中国美学，那么美学就变得活泼而多彩，而且能激发更多的创造力。当然，这种创造力还在不断尝试中。

2. 朱：您能谈谈中国美学研究在继承中国传统，与借鉴和运用西方方法时，需要注意哪些问题吗？

成：今天中国的创造力还跟不上西方的创造力。至少在中国过去很多时候，中国美学的创造力可能在世界上是非常丰沛的。比如说在西方中世纪的时候，从希腊以后3世纪，到14世纪文艺复兴的中间，不是说没有美学，也有美的创造，但中国是从汉代以后3世纪，到13世纪宋元明（明是17世纪），那就丰富得不得了。汉代是很好的表达，李泽厚对汉代美学的描述是不错的，我看汉代的石刻、汉俑、秦俑等，其表达的生命力多姿多彩，可以说是令人惊叹的，是非常珍贵的美学的思考。但现在没人想到这些，比较美学还不发达。这只能在本体论美学的基础上去发展，这是很值得探讨的。所以我说，本体论美学一定要在本体诠释学的基础上发展，一共分成两个层次，一个是本体性的体验，说明它真实的基础，它真实的实感，这是本体的。

那么诠释呢？是从整体的给它一个开源的阐述，它为什么这样，它的机制在什么地方，为什么说是一种本体论美学。因为它本身就在这宇宙之中，你本身就达到这样一种修养，所以无论从汉代的赋，或者说远一点，从诗经到汉赋，从汉赋到唐诗，唐诗到宋词，宋词到元曲，到明代的小品，到清代的古文，汉诗汉赋、魏晋短歌、唐诗宋词元曲、明代哲理诗和小品、清代小说和戏曲，都是代表一种本体实现，这样一种文化思维上的表达，所以我认为这是很重要的，体现了内在的本体性的美学活动。说明这样一点与别的文化进行有益的比较，这就是诠释。诠释就是给它一种开源性的说明，彰显我们对对象的美感。在这一点上，本体诠释学对美学的发展有一种很深刻的意义。

本体诠释学和本体美学是互补的、相互激荡的，它们让我们更好地回到本体的境界。至少我在这个本体美学、本体诠释学的帮助下建立一个本体美学的境界、一种认识，我觉得是有重要性的。它们能让我们认识到，美是本体的，美的不同差别是可以诠释的；而这诠释是在本体的认识或再认识的基础上的。同时呢，本体美学也提供了美的一个定义，美就是有一个内涵，就是有一个原初的感受，发展成熟后成为一个整体。包括内外（人的身、心，大环境、小环境产生的一种互动的感受），这样的话，美学就一方面跟别的哲学有一种互动，美在什么地方？美在这个地方也包含着一种价值，包含着一种认识。

美本身就是一种认识，这一点伽达默尔（Hans-Georg Gadamer）抓得很准。它比道更像一种对事物、世界的认识，或者以道在某种基础上面，才能认识。人没有认识，就没有人的美感，猪啊狗啊鸟啊鱼啊，它们的认识能力有限，所以它们表达美也是比较有限的。它们是我们感觉中的一种对象，但是它们本身内在的美，从本体的美中看来，是比较低层次的。这样的话是不是对本体论美学有了定义？这样的话就把中西美学、把古今美学都放进去了。

过去中国人讲美，的确也是不错的，有一个很好的传统，从王国维就开始了。当然我很欣赏王国维在《人间词话》中提出将意境分为"有我之境"和"无我之境",且把"无我之境"看得更高一点的观点,但我认为这是两个不同的形态,不能说哪个更高。"有我"非常重要,只有在"有我之境"的基础上,才能进一步发展"无我之境"。"有我之境"就提醒我们是在一个现实的宇宙中,我们的生命的实感甚至可以作为道德教训,"无我之境"完全就走入道家的、禅学的一种解脱了,悠然自化。当然这是一种境界,但体现到的在美学中就是对人生的悲痛、悲悯,一种激情,甚至一种义愤填膺的忧国之心。这些其实又何尝不是一种生命的表达?也代表一种价值,从认识论、从人类学的意义上,都是很有价值的,能够实现更好的善。不能说美的最高境界一定是能超脱出来,"无我之境"固然是超脱,因为中国有道家、禅学的倾向,但从中国文化的主流的儒家的情况来说,"有我之境"是非常深刻的本体意识,只有在"有我之境"中才能产生忧患意识、悲悯意识,我觉得这很重要。这种无奈、这种崇高,像《正气歌》中所说的崇高的美。所以我们今天谈论中国美学,没有更深刻的本体学方法,我们就会局限在其中,有没有可以把它扩展的、可以重新诠释的方案?就等于一直在重塑过去。

王国维之后,近代我们一方面在分析地去了解审美心理、文艺心理学,如朱光潜做的;一方面在生命体验上,宗白华强调的是生命美感,我的老师方东美以前也是。不过他们还都停留在现象学的层面,我们要挖掘现象美学、现象本体学、生命现象学、现象生命美学,最后是本体美学,在这样的意义上是很重要的,有一个很好的沟通,特别在全球化、东西方交流的背景下,可以看出人和人之间、人和动物之间的差异。我想这具有很大的意义。

3. 朱：是的。中国美学的研究绕不开与西方的沟通借鉴和全球化的视野。那么，在研究视角上，您的本体美学与目前的中国国内美学研究有哪些不同之处呢？

成：当前国内的美学研究，我觉得基本只是重复过去的范畴，比较索然无味，缺少对美深度的体验，在理论上不能突破，在理论上没有提出问题或面对这些问题。为什么美可以变成一种规划性的东西？如环境美学，是对环境美的一种认识，那么环境为什么是美的？当然跟生态有关系，跟我们自己的生态有关系，这也是一种本体美学，这样环境美学就可以和环境人类学连在一块儿，因为理论上（你认识）的美，以及它所产生的问题，或者说没有达到的一种境界或理想，那么你才能产生一种为什么你要这么去做的想法，这样会让你思考美和善的问题。因为美和善在深层上是一体的，因为人不只是看，只是听，只是感觉，他还要做，要怎么做，要达到一种改善的目标，改善自己、超越自己的目标。从这个层面上看的话，美和善是积极相关的，生命整体的一种活动，生命整体本身的原子就是本体。这就是我的思考，是基于我自己长期观察和体验发展出来的。你钻进去就会发现，要把美学更进一步跟哲学结合在一起，过去太把美学边缘化了，就变成只是重复过去，提不出新的意思来。而中西方更难在一定角度上进行沟通，找不到一个可以沟通的角度，变成很大的一个问题。这就是我为什么提出本体美学的概念以及基于这个概念结合本体诠释学的方法论，或者说本体学说明的道理。这三样东西，事实上是一件事有三个面，本体学、本体美学、本体诠释学，这也不仅仅是三个面，因为一涉及本体，就有我说的本体知、用、行的问题，在本体上体现的是本体美学，在知识上是艺术创造的一些规范，可以产生现在的一些美学，工业美学、实践美学啊，或者是对环境规划的美学等，在行为上结合一种属于我们认为是能实现人的整体或整体人的行为方式，是美的行为学或行为美学，行为美学就是一种伦理学，一种伦理的善学，这样我们就更好地将伦理学等这些学科在一定的阶段一定的层次上面、在整体中联系起来，不是将其化而为一，而是能有区别但是又整合在一个整体之中。

那么你这个第三个问题，我并不是说这是人类体验或审美的感受，毕竟是本体和万物的一种同一，这"同一"很大程度上是一种本体的说法，在感受上来讲，是说我们这个具体的感受里面，美的感受中，体现在人的情感和知觉的形式里面，这就是说审美经验是具体的，真理变成具体的东西就是美，美变成一种抽象的东西就是真理的一部分。透过这具体的体验，作为一种可以从诠释的眼光来看它的含义，从诠释的眼光来挖掘它的含义，从而说它是人跟万物的有机统一。刚才我说，是人的生命之本、基于生命的本，接受教育产生文化，形成美感的机制而产生美感，这个美感本身就有象征性，其实是宇宙内在挖掘出来或涌现出来的东西。

康德在这方面很有意思，柏拉图也注意到这一点，美往往具有一种激情，或美是一种敏感。我们看到万物的美，是因为万物的美能刺激我的一种灵性，让我看到——"啊呀，这是美"！有时候我们可以灵性到某种程度，平时觉得不美的东西到那个时候觉得很美，所以主客是互通的，客观可以换成主观的深度的美的感受，我深度的感受也可以一下子让世界转化，点化成为美好。我们在朋友之间、亲人之间、男女恋爱的感情之间，有时有一种感受，感受出来就是这个世界真美，一旦有了这样的感受就觉得万物都美；即使是动物，看到鸟去喂它的小鸟，就觉得很美。我们把人的感情也附会到动物身上。同样，动物作为体会的对象，它的表现就会被我们体会为人的感受的表达和显示。这是视具体情况来说的，美是本体和现象、形象的合一。

即使是在马克思主义那里也是一样的。比如说，毛主席说社会、劳动的美，也就是考虑到社会本身的体验，具有启发审美的意义。真的要讲的话还是要回到本体美学中，来说明为什么劳动是美、奉献是美。这个美必须有目的性，是内在的目的性，实现一种内在的价值，这价值是一种很具体的价值。感受出来就是一种情愫，是一种知觉，一种感通，也是一种体验，所以不能分开说。一般"天人合一"是从知识、是从本体学的角度来说的。实现了天人合一的境界，我认为还是通过实际的知识上的真理挖掘出来的，看到天地。"天地"这两个字，怎么体现天地，万物运转，寂然无声，却又是那样的生生不息，这就是一种天地体验。人们感觉到万象森严，此时无声胜有声，是庄子的境界，一种天籁。它也是天人合一，它又是美学的，即使不从美学的情况来看，它也是本体的。但根据具体情况来看，它是美学的。庄子更喜欢从具体的情况来说，老子则更喜欢从抽象的概念来说明。美学和一般所说的本质的天人合一，或者是道德上的天人合一，比如说做一件你应该做的事，而且做的事情呈现出人们都应该遵守的原理，那就是一种天人合一出现了。康德就有这样的体验，他心中的道德令和天上的星空，他是从实践理性批判的角度上，而不是从判断力批判的角度来看的，是一种道德境界。如说我人生就可以这样去做了，"从心所欲不逾矩"，或者孟子说的养天地浩然之气，这浩然之气就产生一种正气，正如文天祥所说的"留取丹心照汗青"。这就产生一种壮烈，是一种自我超越的典型。有所"诚"，达到一种天人合一。所以天人合一，不是空洞的，既可以从美学的角度看，也可以从道德的角度看，两者既有相通的地方，也有不同的地方。从抽象的角度考虑，生命就是从天地开始，然后回归天地。在这中间你能不能做到知识上的、伦理上的、道德上的、美学上的，人天、内外的沟通、贯通，那是你的功夫的问题。

我刚才也讲了诠释在审美过程中的价值问题，这属于第二层次、第二层面，它经过反省、经过理解，所以美的经验在前面，美的经验有一个本，这个本是经过长期修养得来的。人天生是不是有一种美感呢？当然不能反对。如泰山，它是在我们生命里长大的。你比如一般人去看毕加索的雕刻，或者是画，我不认为它会获得什么美；或者看中国吴道子或八大山人的山水画，他可能不太会觉得美，不知道是什么山什么水，所以美有一种很深刻的文化素养在里面，是一种心理上锻炼出来的能力，这就体现在心理的锻炼，文化的修养是在经验集聚、反思、认识中产生的。所以有知觉、有体验，才有理解，最后才是诠释。诠释的目标是让你有更深的理解，有更多的体验，然后有更多的知觉，更深的领悟。诠释和其他经验也是连在一块儿的，所以在某种意义上说它非常重要，是创造出美的。从美走向艺术，走向人的主动的美的追求，从某种程度来说是很重要的。创作有时候也是有各种变化的，每个创作都代表时代的意义，我们不能拘束在创作的时代意义上，至少我个人不会有这样的感觉。当然这是一种典型，有的美的典型只能在特殊的意义下思考，有的典型跟多数美的活动距离比较远，如后现代，prospective等，你到巴黎现代美术馆去看看，那一种无名的线条和颜色，有的能唤醒我的某一种感觉，有的能给我一种提醒，有的我就的确没什么感觉，当然我不否认创作者本身有感觉或他人有感觉，这其中有很多细微的差异，必须要某些条件才能实现。为什么我们把它看作是一种典型呢？因为我们基于一种 openers，开放的、容忍的、欢迎的表达，在一定的条件下我们认为是有一种可能的启发性。如达利（Salvador Domingo Felipe Jacinto Dali）画的手表，是在流动的。

4. 我注意到您在美学研究中，特别注重借鉴和运用现象学等西方美学方法。您能谈谈中国美学研究在借鉴和运用这些方法时，需要注意哪些问题吗？

成：这当然是一个重要的问题。现象学，就现象来说，是一种事物表现的情致，也是通过人的感受和知觉来实现的，但是这种知觉形式能掌握一些非常深刻的细节和各种可能性。所以西方的现象学，重视具体的多种可能性、具体特征，在中国美学中不是特别强调这些。因为中国美学重视整体的、宏观的、变化的、模糊的认知和体验。所以在现代社会中，人的生活处境是有多样性，也很特殊，从现象学的要求来说，还是可以作为本体哲学的重要部分，我可以把现象学看作是本体学的一部分。现象学离不开本体学，那么现象学是不是能接受本体学，这还是个问题，但在海德格尔这一块，他不同意胡塞尔，他对人的本体没有那么清楚的认识，认为这是本体学内在的问题，他只看到本体内在的问题。当然后来他慢慢超脱出来，也说明中国美学作为本体美学来看，因为它有本体学的传统，对天地万物的认识，具有一种本体性的认识，所以也是现象，也是本体。《周易》就是最好的说明，其卦象就是本体发展的说明，一种可能的形式，但相异于不同的本体状态，对于不同的本体状态有所说明、有所表露。

所以在技术上、在微观的认识上，我觉得现象学有很重要的启发意义。因为现在的生活不只是宏观和模糊就够了，我们还是要重视微观的东西，重视特殊性的认识，让对美的认识不拘一格。比如对身体之美的认识，在中国是把人的身体，把人的典型都盖起来，当然兵马俑中我们看到不同的人的形象，比较丰富，而我们对女性则有一种传统上的保守，所以对身体美学、对人的身体描述的美，我们缺少这样的传统，这就可以借鉴现象学，不是做不到。一个女性的美，在她的表情上，不只是形态，很值得从现象学上说明。可以发展对人的认识，甚至是对个别物的认识，如竹、鱼、虾等。还有更多的物的认识，如毕加索用各种方式去掌握，这就是一种现象美学。所以在这方面要丰富，将本体美学变成现象美学，把现象美学变成对现代和后现代的现象的把握，但必须在本体的基础上面。

5. 朱：您谈到反省，谈到知觉，谈到体验，我想听听您对此更为深入的看法，即如何理解人的心灵在审美活动中的独特地位？相比人的心灵在认识活动中的地位而言，有哪些差异？

成：理解人的心理，这就很重要，我刚才提到过，美感是需要先决条件的。我们现在重视蔡元培所提倡的，美学教育很重要，因为美是需要教育培养的。小孩儿小时候不给他学习音乐，以后就不可能有一种兴趣或欣赏能力；虽然不是绝对没有。但显然，有些家庭基于培养专长，让孩子学习小提琴、钢琴或芭蕾，但即使不是专长，也让人的心理有一种可能性的展开，让他对美的事物有一种敏感度，同时美的心情也能赋予事物一种能力。这样的一种教养，通过人类的符号、历史，掌握一种方法，来进行体验或培养，是很需要的。这就说明，能够使他有一种审美能力。这种能力能够达到、发展成为一种审美能力。也许他先天就有，心灵，康德第一判断，心灵被统一起来就是一种知觉，即使没被统一起来也是一种感觉。也是一种心灵的作用，我自己对心灵的美的认识和研究中，我不把心灵分割化，心灵本身也是统一的。心灵有很多作用，知的作用，感的作用，有情的作用，甚至我说它有物的作用，这些都是心灵作用。如果把这些作用打通、贯通，将其提升，这是哲学修养的问题，要达到更高的境界，也许柏拉图就想培养这样一种"哲王"的心灵，在中国圣人的观念中，也需要有这样的心灵，能体验外物的变化，又能够自己创造发挥和实现，提升诚信的价值。这就是心灵的价值，需要培养，需要关心，成为统觉，第二步成为感通，第三步成为理解，第四步成为诠释。第一步也可以叫作知觉，然后感通，感情，就是对事物不同经验内外的感受，这样就能够形成判断能力，表达能力出来了，诠释能力出来了，理解能力出来了，融合能力也出来了。所以在审美活动过程中，这些都是必需的。审美的活动事实上就是心灵的活动，就是心灵的重要的表达。我刚才说的是审美，事实上，心灵所有的活动都可以说是审美活动，或者是审美活动的基础。审美活动是就其成果来说的。就其实现的方式来说，是就一直实现在知识的具体知觉或一种具体的感受来说的。从知觉来说，它有形式的问题，具体我们的感觉总是会为形状、大小、颜色，受它们的格调和布局所影响。说到感通，我们掌握它的形式和结构之后，因为它的形式和结构是基于其内涵呈现出来的，我们产生一种感觉或感情，这情和感是相连在一块儿的，是心灵状态的提升。感是看待外物，情是发自内在，人的内在创造力通过感情得到提升，那么这种感情就变成美的最原始的表达。这样的美在我的《本体美学》中提到，我不能同意康德的一点就是，康德认为，美的主观的感受是自由的、愉快的、和谐的。不单纯只是快乐，而是自由、和谐、快乐。这三样东西都存在的话，显然就是美感。甚至只要里面有一个存在，我觉得就可以叫作美感。快乐，是快乐之美；和谐，是和谐之美。自由，比如庄子逍遥自在，不是美吗？还有一种充实，也可以说是美。我刚才说《易经》里说的"正位居体""黄中通理""畅于四支""美在其中"，所以充实与自由不矛盾。我最近也在想，无论西方东方体验到美的两种形式——"充实""空灵"，其实是一样东西，就是心灵中内在的状态，并不是说"空灵"在那个状态下体现出来，就是美，是一种自由，是无拘无束的灵动。但是这种灵动不能永远都是灵动，会产生一种融合世界的能力，是一种充实，再通过对话成为自由，就是阴和阳的转化。所以人和世界是一体的，是生命本体的变化的现象而已，还有高远等。这样，空灵、充实这两个极端的表述之间的差别就不存在了。所以这样的话，心灵活动非常重要，因为这心灵活动本身是互通的，所以美学不但具有本体性，还具有认知性，世界就是这个样子。还有一种启发性，我们怎么做，它也能启发成为一种伦理。就是在伦理中有美感，在启发中也有美感，自己做到很空灵，以后就要追求这种空灵，整体去更好地修饰自己。我觉得很充实，那么怎样变为一种可持续的充实，这样的话有一种悟性的对自我的要求，这是可能的。对纯粹经验来讲，这个美在那一刻、那个时候就足够了，但并不表示生命就足够了，还需要通过诱导美的经验来实现更多的美的经验。所以美是心灵的价值，心灵是一种转换的机制。它可以将经验转化成为知觉、知识，把知识转化成为理解，把理解转化成为诠释的能力，再建构或开启新的可能性。

认识活动的地位是很重要的，这是不言而喻的。纯粹的认识论，是就认识的对象而言的。审美活动作为一种我们说的心灵活动，是整体的，它包含认知的活动，但是不限于认知活动，从整体的感受来说，从本到体的发展过程来说，远比认知活动还要丰富。但是它不一定有认知活动的精确性和那种固定性，认知活动的发展就是要把客观世界凝聚成规律性的认识，或是理论性的笼罩，如果理解审美活动中的诠释，应该可以比较了解。

6. 朱：在您的理论体系中，将"诠释"提到很重要的位置。那么，如何理解审美活动中的"诠释"？这个"诠释"和美学研究中的"诠释"又有哪些区别与联系？

成：美学中的诠释是一种潜在的诠释。审美中的诠释是潜在的诠释，审美本身就是诠释，是已经发生的诠释，这种诠释没有知觉的诠释，从研究的眼光来看，它就包含在一种感觉经验和情感经验之中，一种可说明性，一种理路。美学研究对美学经验要诠释。如看了名家的画，美学研究就说我要看它的结构、形式，甚至这个人为什么画这幅画，他的遭遇是什么，他自己说自己画的风格怎么形成的。这就是研究诠释。美学中的诠释事实上是一种构成性的存在，研究中的诠释就是规则性的说明。这两者之间当然有联系。我们从人的再发展的需要来说，不管说什么激情也好，什么感受也好，我们给它一种合乎理性的说明，让更多的人能够掌握，我们自己也能更好地去认识，更好地去欣赏，甚至去发挥我们已有的感受能力，或者更好地去保存或开发或教育的能力，也就是说有保全、提携、继承、开发的作用。任何东西的诠释都是必须有的，语言中要给它一个理性的形式，有的时候理性的形式不但让人知道事物之所然、自然、本然，或者一种当然，还让人知道它的所以然，更好地去掌握本然和当然。

7. 朱：刚才听了您就定义、方法、意义等全面阐释了您的本体美学及美学研究的看法。我想进一步追问一下，您认为在美的本体中，"本"与"体"的关系是怎样的呢？

成：美的本体论中的本和体的关系是什么，这是最基本的概念。从诠释学的本体来了解，然后再说美的本体是什么。本的意思就是一种根源，体就是一种体系意识、整体意识。存在本身就有一个开始点，这个开始点要作为一个真正的存在物，要成为一个体，不能是空无一物，连开始都没有。世界上最基本的是物，就是原子，它也是一个存在物，有某种固定性。物最重要是有固定性，因为固定性能成为一种客观的我们认识的对象，这就是体。体就是一种东西，无论是气体、固体，已经成为一个存在物了，作为一个起点，一个原始点，人有使它存在的力量，这力量固然存在着，而原始点使它成为体。就像人从小长大，有这样的力量把人从生命的原点，从胚胎婴儿发展成为成熟的个体，是一个发生的过程。这是一般性的本体，从本体学的角度来看，美的本体呢？美也是从一个最原始的经验和感受发展成为一个更完整、更生动的体验、感受、经验、知觉的，所以它在我们的感觉中，是无动于衷到全心投入。正如《周易》所说，寂然不动，感而遂通，到通的程度，体就开始出来了。如果没有这个体，通什么呢？通灵？灵也是。当我把灵这个字提出来的时候，它也是物了。它成为性，是性体；它成为灵，是灵体；它成为心就是心体。也就说这是整体的东西，是一种根源。我们不能讲体而不讲本，传统我们只讲体和用的关系，讲体也讲用，就会发挥作用。我喜欢将本体和体用连起来讲，不仅讲本、体、用，在最高的发展中还有自觉和知识的发生，所以要讲本、体、知、用。用还不够，还要讲行，所以叫本、体、知、用、行。

在美学上也是一样，只是美学的本，基本上是一种感受，一种生命的感受，它形成生命的整体的知觉，那时你就有感了，那时就是一种美的状态。美的状态是一种感觉，是和谐的，是自由的，是实体的，是充实的。这不是一件事要有本体，都要有本体。就好像《周易》说的"正位居体"，位不正，人不在体中，心不在焉。心在焉，心在体中，本体从宇宙创造力变成心的创造力、心灵的创造力。"正位居体"，所以"美在其中"。本体更好的状态发挥，就是一种美。美就在本体之中，是我们对本体体验出来的，并不是另一种东西我们叫作美。美不是外在的，而是内在的。

这就说明美的动态性，本的动态性，体的动态性，本体是一种发展的过程。所以美也是一种发展的过程。这当中可以产生不同的现象和形象。一个画家可以画出不同的版本。先画的不满意可以一而再再而三地画。但从第三者来看第一个不见得比第三个差，他认为是好的也不见得比第一个好。就好比你写字（calligraphy），你写了许多字，也不一定后写得比前者好，或者前者一定比后者好，只是发展中产生不同的形象。美学本身具有一种灵活度。

8. 朱：那么，什么是美的本体的道呢？"道"与美的境界的关系是什么呢？

成：道的意思，本体就是道，动态地说，从本到体就是一个道的过程，整个宇宙都在不断地从原始的创造力形成新的体制、新的世界的过程。这个过程就是道。道在这个意义上兼含本和体，但这不是就本和体来说，是就过程来说。但过程离不开本体，本体也离不开过程。从这个角度上来看，美作为一个活动，不是单纯指一个境界，而是一个道的存在，在这个道的存在中有从本到体的动力，这样的话，我们不能只讲美的境界，也要讲美的活动、美的过程，一种创造性的行为和活动。这样能更好地彰显本体美学作为一个道的实现过程。

9. 朱：非常精彩。从比较的角度来看，您认为中国美学中儒、道、佛诸家在感受方式上与西方美学有哪些异同？

成：我在书中也提到这个问题。既然美是本体的，那么儒道佛就是不同的本体，但在我看来，这些本体体验也不是不可以沟通的。基本上在儒家思想中，在生命的体验之下，产生一种自觉，尽量使生命的体验所包含的可能性实现出来。实现出来后能产生一种社会文明，达到一种生命整体的实现。这种整体的实现，具有所谓内在的德、外在的道，产生整体或群体、不同个体，强调个体和个体的关系、个体与整体的关系、个体与自身的关系，相互和谐和对应。这样，儒家强调的美更偏向于充实、更偏向于对称、更偏向于和谐。那么道家呢，产生的美学往往是自由美学，它也强调本体的发展，但它所说的本体发展成为个体，往往拘束在个体之中，成为群体，往往受群体的压迫，甚至于变成一种冲突的可能。所以在春秋战国时代，个体产生的贪欲，群体之间产生的彼此的嫉妒，或者征战、争斗，对生命本身都是有害的。所以它会产生本体的不愉快，就要求解脱出来，将其自由化。道家认为自由化最好的发展方向是自然，因为自然里面看到许多无形的东西，本身实现的是自然的和谐。佛学比道家更进一步地去建立认识，因为自然生命从本到体的发生不能否定，但从一种悟性来说，或从反思的、沉思的体会来说，是不是有一个从无到有、还没有发生的，或者将所谓发生的东西都看作是一种幻觉。那么因此产生一种空的境界，所以佛学要追求的空，从禅宗的角度看是空灵，但从原始佛学看，是空寂、寂灭，这从生命体验看，是一种不自觉的诠释。用生老病死诠释，它的本体诠释就是产生幻觉，然后执着，我们不要执着，我们有灵，我们悟出轮回，就不但拥有自由而且能超越出来。这种境界就是涅槃、成佛。道家当然看重自然，看到人和人的对立、人和社会的纷争，所以产生对道的诠释。而儒家是就对生命的历史文明的发展，既看到纷争与痛苦，但也不否认它的美好，甚至说美好将来还可以维持，美好中所掺杂的痛苦和问题都可以超越。

  西方美学有很多差别，早期就是本质性，它将现有不好的东西去掉，去描写一个标准的美的典型。如女性的美，希腊雕刻，维纳斯，至少已经把中国的很多美感理出一个典型，还有莱辛《拉奥孔》。文艺复兴也是找这样的典型，如名家的创作也是追求典型。当然这些典型有其独特性，如《蒙娜丽莎》抓住女性神秘的美。正因为掌握很多，也就很难找到起源于诠释的能力，到现代更重视现实和问题。过去重视理想的典型，现在更重视现实，是一种现实的表达。受到本质主义的影响，就将其看作是本质的存在。它不再追问人的本体的存在是什么，不追问人的本体和宇宙的本体是什么观点，因为它有上帝的假设，有一种纯粹属于感性的东西。对康德来说，这是对各种东西的感受，对大小、对自我产生一种特殊的感觉，这种感觉没有功利主义，也没有道德的压抑，但有一种共同性，这还是从现实来说的。后来的美学到现在，又存在一种问题，它可能不看作一种问题，存在一种形式，各种怪异的手法，美是要追求不同。我认为都是本质主义的表达，跟中国的儒道佛重视本体的感受不一样。本质包含在本体之中，本体就不必要本质化。从本体学来讲，人们因为本质主义反对形象学，我认为本体认识主张形象学。

  10. 朱：最后一个问题，也想听听您的意见。或许和西方"美"与"真"的密切联系不同，中国美学更讲求"美"与"善"的相通。那么，您是怎样在宏观的视野下，看待中国美学中"美"与"道德"的关系的？

成：我想在现象学意义上，我们可以很容易地掌握美和道德的关系。善本身就是一种价值，在根本的基础上，美、善、真都是合一的。体现一样东西，很自觉地体会的话，会有相应的感情，比如说喜欢就是美，如果能带动你去做一件事情，一种自我充实，又能够对人有一种提携、帮助，这就是善。这和宇宙的存在在本体上是合一的，这就是真。在中国来说美和善是合一的，是可以转换的，不能转换的话，那么美就不是美，善就不成其为善。比如有人奉献、有人牺牲，很美吗？不是奉献、牺牲这个过程美，而是整个这个形象美。它带动我们去给他一个新的形象。纪念一些民族英雄，或纪念一些奉献牺牲的人们，或受苦受难的人们，我们给他一种理想的形式表达出来，反映我们对他的欣赏和认识，价值的认识，那就是美，所以善启发美。那么美能不能有善呢？美是一种情绪，一种知觉，是从本到体中间发展的一种知觉。那么这样的美的感觉，带来一种身心平衡和内外沟通，它就一定有一种启发性，让我们觉得对生命有希望，要做一些对生命有帮助的事情。让我们愿意去更好地帮助他人、接受他人，让我们没有一些功利主义的负担，或者一些经验上是非的偏见，那就是善。但我们不能否定有些美只是形式上的，只是一种装饰，要和 ornament 分开，或者只是造成一种闭塞，这种美还能叫它美，是有限的美，不能称之为善。但中国人不太往美而不善的方面去想。从本体来讲，假如是本体的，就是美和善合一的。而非本体的，它只是一个表象，没有涉及人的本体的发展，很可能跟善是隔绝的。如纳西修斯（Narcissus），迷恋自己，自我封闭，你不能说这是善，或者说为了达到某种美，要做在行为上伤害人的事，那么这样形成的美，就像吸血鬼吸人之血来丰富自己，这就不是善。美是一个整体，当我们知道这样的美的成果是以牺牲他人的美、他人的生命而形成的，那我们会觉得这只是一个空洞的形式，它没有我们可以沟通的内涵。那我怎么称之为美呢？这只是呈现一个问题而已。美善不能统一是一个问题，但这不一定，我这强调的一点就是，善而后美，也可以是美而后善，并不一定孰先孰后。孔子也没说一定"美而后善"，只说"尽美矣，未尽善也"，那么我认为，尽善而没有尽美，尽善是我们的责任，比如某个人他能够善，有没有人写一首诗来纪念他呢？陈寅恪写柳如是的传记，是给她一个形式，就是美。就像希腊神话里有很多恐怖的东西，但用悲剧写出来，它有教育意义，就给它一个美的形式，甚至不善的东西也能变成美，但有善的目标在里面，一定离不开善的。或者本来就是善的，有一个痛苦的经验，也会给它美的形式，让善还原到美的形式，让我们了解这个善，认识这个善，所以美是一种认识的形式，可以帮助认识善。所以美和道德的联系非常密切。

中国美术史研究的方法
——巫鸿教授访谈录

巫 鸿 朱志荣

巫鸿（Wu Hung），著名美术史家，芝加哥大学教授。中央美术学院毕业后于1972年至1978年在故宫博物院书画组、金石组任职，1978年回中央美术学院美术史系攻读硕士学位。1980年至1987年就读于哈佛大学，获美术史与人类学双重博士学位，在哈佛大学美术史系任教，于1994年获终身教职，后受聘芝加哥大学"斯德本特殊贡献"讲席教授。2000年建立东亚艺术研究中心并任主任，是美国中国美术史研究领域享有盛誉的顶尖教授。

巫鸿教授在方法论上兼具中国传统美术史和美国美术史研究方法的优点，重视人类学和美术学的跨学科融通，并且推陈出新，形成了自己的独特方法论。他还致力于推动对中国当代美术的研究，有力地促进了这一领域的发展。巫鸿教授著述甚丰，中国国内的三联书店和上海人民出版社等出版社，迄今已翻译出版了他的《武梁祠：中国古代画像艺术的思想性》《中国古代艺术与建筑中的"纪念碑性"》《礼仪中的美术》《时空中的美术》《黄泉下的美术：宏观中国古代墓葬》等学术专著十余种，对中国美术界、美学界和相关人文科学领域产生了广泛的影响。我有幸于2011年5月5日下午1点在芝加哥采访了巫鸿教授，就美术史研究的方法问题请他发表了自己的看法，下面是访谈的内容。

朱志荣：陈寅恪将王国维的考古与文献相互参证归纳为"二重证据法"，在中国大陆产生了广泛影响。您认为中国美术史研究应当如何利用考古发现？

巫鸿：这是一个非常重要的问题。王先生的"二重证据法"在史学研究中具有划时代的意义。但是我们应该注意，文献研究主要是研究古代遗留下的书籍，考古学则研究出土的文物。王国维当时的研究注重的主要是文字材料，也就是文献文字。他所谓的"考古"因此基本上指的是安阳出土的甲骨文，还有青铜铭文等材料。他想通过二重证据的考证，得出一个历史研究的更为可信的结论。这些结论一般都是和历史事实相关的，比如历史事件发生的时间、历史人物行为等。

用两种方法互证，这在中国近代学术研究中非常重要，在今天也很重要。但是一百年之后再来看"二重证据法"，我们会发现它给人以一种现代性的思维启示：一个结论不是一个证据就可以论证的，而是需要多重视角的检验。虽然王国维当时只提出二重视角，但这种学说已经显示出多重视角的潜能——二重可以发展到三重，也可以发展到四重。现在我们看问题就不只二重了，这种新的思考和王国维、陈寅恪的思想有一定的关联性。

如果说"二重证据法"主要还是作为史学研究的方法，现在我们研究的问题就更多了，学者们对美术史、文化史等历史书本以外的问题有了更多的兴趣。作为证据的考古材料的定义也发生了变化。如果说过去所说的考古证据主要还是甲骨文、铭文一类，现在由考古提供的"证据"种类就多多了，比如城市空间、实物、中西文化交流、人的审美习惯等。虽然历史考据在我们现在的研究中仍然很重要，但除此之外历史研究中还有很多别的问题。研究这些问题仅靠文字材料是不能够完全说清楚的。比如说如果要研究古人的审美习惯，除了文字材料，我们还要使用器物、图像、墓葬等材料，所有这些都有证据意义。

所以，在精神上我们还是要继承两位先生的二重或者多重证据法。但与此同时，我们还要注意两个问题。一个是：什么是证据，什么东西可以构成证据；另一个是：使用证据想要证明的是什么。这两个方面的问题是连在一起的。

朱志荣：古代美术史的研究要运用和借鉴考古学的成果。您认为在研究出土文物的时候，应当如何使用历史材料和文学材料？需要注意哪些问题？

巫鸿：我刚才已经提到一点。美术史研究主要涉及的是视觉问题、看的问题、美感的问题，也涉及物质性的问题，比如艺术品的材料构成、空间等。中国历史考古学中，墓葬是一个重要部分。墓葬里面有很多器物、图像——对这些个体进行研究是大家比较熟悉的方法，但是我们还应该注意墓葬内的空间安排和一些消失了的东西，比如当时摆的食物、香料、灯火等。这些东西在考古中已经看不见了，但是可以根据其留下的痕迹、空间安排，重构当时的视觉或者物质的环境。

考古学者有自己的一套学术规范，比如如何发掘、如何记录等。如果有些材料不属于这种研究重心的话，他们就不一定记录了。特别是如果对象牵扯到墓葬设计者的主体感觉、审美感觉、世界观等内容的时候，就比较难于进入考古报告。还有，如果对有些东西无法进行直接的考古分类的时候——比如"空间"，考古报告也容易忽略。但是这些信息对美术史研究却非常重要。这就需要在考古发掘和记录的时候，由美术史学者和考古学者进行学术互动。

朱志荣：在美术史研究中如何利用"重构"的方法分析材料？

巫鸿：对历史状况的"重构"现在变成美术史研究的一个非常重要的手段或目的。这和历史研究的学术发展密切相关，特别是在西方。现在的历史研究，已经从研究一个重要人物和宏大历史事件转移到更为具体的、空间的和物质性的向度。甚至在研究一个人的时候，也要和他的整个的生活环境、文化环境联系起来，而不像原来那样做著名人物的传记性研究。

这种史学转向在近些年中对美术史的影响非常大。我在《武梁祠：中国古代画像艺术的思想性》一书里面对以前的汉画研究做了一个梳理，想看看不同时代的学者是怎么看问题的。经过这种研究我发现，开始的时候大家都是对每张画发生兴趣，所关心的是这张画的出处何在，那张画画的是什么。但后来就有人开始对整个的祠堂中的画像程序和结构有兴趣了。我写这本书时的希望就是把武梁祠中所有的画像连在一起考虑，希望知道这些画像之间到底有没有一个叙事结构，其背后显示的又是怎样一种逻辑思维。这也就像是研究《史记》，其中的每篇都可以单独来读，但是也可以作为整部书的组成部分来看。后面这种读法所发掘的不但是司马迁对全书的想法，也可能反映出当时对历史的某种观念。这种研究方法是首先重构一个基本的建筑体，然后通过这个建筑内的整体图像程序重构当时的审美和思想，其中包括家庭关系、君臣关系、政治观念等。

"重构"有不同的层次。首先，美术史研究离不开实际的东西，因此还是得从具体的图像、建筑、器物入手。然而，我们继承下来的往往是一些离开了原来 context——原境或上下文——的历史碎片。因此我们需要从这些很具体的碎片出发来重构原来的实体。特别是我称为"礼仪艺术"的碎片，它们原来都是为了某种宗教、政治目的服务的，背后往往都有一个建筑体。我们需要探讨的因此是：这些碎片能不能重新拼起来？它们背后的建筑体是怎样的？如果这种重构能够做成，就可以接着去想，接着去重构更高层次上的东西。比如像武梁祠，我们就可以进而考虑武梁祠和武氏墓地中别的祠堂的关系，考虑武梁祠石刻的大环境，甚至整个东汉时期墓葬的理念。这都可以算作是"重构"。很多领域，像 physical context，social context，political context，religion context——物质、社会、政治和宗教的上下文，实际上都需要重构。但是在美术史研究中，研究者需要将这些领域分得比较清楚。有的时候学生会操之过急，还没把第一步做好，没把完整的、具体的东西做好，就一下子跳到很高的层次去谈政治、历史的问题，显得缺少中间环节。

也不是说什么东西都可以做，都可以重构。有的时候我们有比较多的证据，有的时候则历史的遗迹消失得很多。消失太多的时候就不太容易把它原来的环境重构出来，所以在挑选研究主题时也要进行一定的鉴别,看看什么东西允许你去做多层的重构。如果材料能够允许你做许多层次,从初级的重构一直推到很高层次的那种,那就是非常好的材料,很难得,应该马上敏锐地抓住,充分利用。但更多的时候不是这种情况,更多的情况是个空墓,里面什么东西都没了,有的只剩下壁画。我们做研究的时候也就只能谈谈那幅画的特点,不可能谈更多东西。

总体来说,艺术史研究中的重构有两类:一类是和礼仪艺术有关的,刚才我讲到的例子多属于这种,需要进行建筑的、礼仪的、宗教的各种层面上的重构。另一类是更接近纯艺术的单独艺术品,比如卷轴画、书法等,这些作品不是特别为了宗教场合或者祭祀场合而制作的,研究的方法和第一类自然也不太一样,但是"重构"仍然是一个重要的研究方法。英国著名学者 Michael Sullivan(后来来到美国)在 20 世纪 60 年代曾经写过一篇有关屏风画的文章。他在研究了张彦远《历代名画记》等书画著作后,发现唐朝、五代的时候屏风画占很大的比重。著名的画家王维、吴道子等都画了大量的屏风画。当时立轴画还没有兴起,屏风画、卷轴画和壁画是绘画的三大种类。可是我们现在竟然没有一件当时的屏风画保存下来。这些屏风画都到哪去了呢?我曾在《美术史十议》中写过,这些屏风画有些是毁掉了,有些则是被改装了:一些屏风画后来被裱成了立轴画。屏风画原来有四扇或者八扇,现在每一扇就变成独幅画了。那么,如果不进行历史重构,不知道它只是原来画作的四分之一或者八分之一,上来就讲这幅画的构图怎么样,那就必然是误读。还有很多的问题都和这种概念有关,比如一幅画本来的物质形态和媒材是怎么样的?这说起来好像很简单，实际上牵涉的问题很不简单。古代很多画都被剪裁过，修补过。比如故宫里的《洛神赋》，现在看印出的画面很漂亮，但是如果真看一下原画，就会发现它是经过大量修补和重画的。另外，一件作品当时是怎么放置的，怎么欣赏的，创作过程是怎么样——这一系列问题都非常重要。比如卷轴画的创作过程就非常重要，很多文人可能都参与了一幅卷轴的创作，这种创作和一个人在画室里画上几年就不可能是一回事。所以创作过程也需要重构。

总的说来，"重构"这个概念对我来说非常关键。当然，艺术作品的种类、时代不同，重构的目标、方式也就不同，不能拿一个尺子衡量所有的问题。比如说，屏风画是一种问题，牵扯到别的种类的画可能又是另外一种问题。

朱志荣：您的著作中 context 被翻译成"原境"，您的"原境"与文学中的语境、黑格尔的"情境"等有什么区别？您在美术史研究中使用它时有什么独特之处？

巫鸿：Context 按照文学理论的惯例一般被翻译成"上下文"（语境）。美术史等很多研究领域都受到文学理论研究的影响，特别是法国文学理论的影响。我之所以翻译成"原境"，首先是因为我觉得"上下文"（语境）是从文学理论那个特殊的学术传统里翻译出来的，主要谈的是文本问题，指的是一种氛围。对于美术学、社会学或者人类学来说，翻译成"上下文"并不太合适，因为这些学科谈的不是文本问题。其次，我觉得"上下文"的说法给人一种文字线性化的感觉。可实际上，特别是在美术领域，我们强调的总是一种三维或者二维的空间性，"上下"容易给人误导。所以国内在翻译我的东西的时候，我就建议用"原境"这个词。它比较接近于我用 context 的时候想表达的内容。

我用 context 这个词想恢复的是一个比较原始的环境。比如说武梁祠石刻当时的环境，如上所说，我一般强调的是它的 historical context，从具体的环境到比较高层的社会政治环境。更多地强调的是一种更具体的环境。当然一般的氛围是不是也可作为一种 context？我觉得也是应该考虑的。比如在研究汉墓的时候，我们也可以感到一种氛围，把当时辉煌的氛围展示出来也是一种很有意思的研究方向。我们不能局限于文学中的语境，但是可以在某些方面进行沟通。

原境是和重构（reconstruction）连着的。原境是已经消失的东西，不是现成地摆在那儿的。甚至是一个墓葬发掘出来也需要重构原来的环境和氛围，因为没有一个古代墓葬是崭新地在那儿的，很多易腐的东西都消失了，很多当时有生命的东西也都消失了，人们在墓前和墓中进行的礼仪活动等也都消失了。这都需要重构。

朱志荣：您认为我们应该如何看待中国传统绘画或雕塑的样式对欣赏的影响（如卷轴、屏风）？我们美学里常常讲究审美欣赏因"看"法不同，而感受不同。这在中国古代造型艺术中有哪些具体表现？观看方式的差异是怎样影响中西美术的差异的？

巫鸿：我觉得这是个非常重要的问题。古典和传统的美术史研究基本把艺术品作为客体对象，对观者的研究比较少。但是实际上，观者的眼睛很重要，每个人的"观看"都不同，都是一种历史现象。现代的接受美学就比较强调主体而不是客体方面。我觉得在美术史里把这两方面结合起来是非常重要的。某种艺术，包括其形式和媒材，都是和一定的视觉或者欣赏方式、观看方式相对应的。某种形式、某种媒材一定要求一种观看的方法。比如电影就应该在电影院看，和在家里看电视绝对不一样。在电影院的黑屋里看电影产生的是一种幻觉的现实，而电视是开放性的家庭空间的一个组成部分，并不完全占据你的眼睛和脑子。

同样，古代的画或者雕塑也都有它们自己观看的方式，这一点很重要。比如说卷轴画的问题就非常有意思。我在《重屏：中国绘画的媒材和表现》那本书里面对这种特殊媒材进行了一些研究。"手卷"在世界美术史里也应该算是一个很特殊的现象，我把它叫作绝对的 private，即私人的艺术媒材。手卷的实际观者只有一个人，两只手拿着一幅画来看。要是还有别人看，那就只能站在他的后面旁观。而且卷轴画和欣赏者的运动关系密切，欣赏手卷要慢慢打开，一节一节地看，卷轴画因此是一种活动的绘画。《女史箴图》和《列女仁智图》——后者是后来临摹的——代表了卷轴画的最早样式：文图基本上是一段一段的，一段图一段文，一个卷轴其实分成几个单元。但到了《洛神赋》，特别是故宫的那个本子，这种样式就基本消失了，一幅手卷就变得具有连贯性了。这两种画在看的时候感受就不一样。欣赏《女史箴图》就像看一个连环画画本一样，看完了一段再打开一段。到了《洛神赋》，观者就不太知道在哪儿停下来了，停与不停就要根据看画人的心理和鉴赏习惯。因此，观赏山水和人物运动的"看法"就变成了一种非常具有美学意义的问题。很多人感觉到洛神在慢慢往远处飘去，山水起伏的线条也在引导着欣赏者的视线。

这些都是中国纯绘画的特点，西方绘画不是没有，但不是它的强项。他们虽然早期也有类似卷轴的东西，但没有真正升华到艺术，也没有那么复杂的构图。后来很长的中国卷轴画，如《长江万里图》，看起来几乎有了一种音乐性，有时候忽然急促、惊涛拍浪、悬崖高耸，有时候忽然又非常的平缓，有很长的水泊。看这样的绘画就像欣赏音乐一样，双手控制卷轴的动作以及观画时的整个心理都会直接受到影响。这种研究涉及的对象因此就包括了三个方面：一是观者（viewer）；一是形象（image），比如《长江万里图》画的山；第三个就是媒材本身了。这三个方面是连在一起、不可分割的。卷轴画代表了中国早期绘画的一个重要传统，对世界美术史也作出了重要贡献。

古代人对卷轴分了许多不同的种类，每种的观看方式也不尽相同。比如米芾就说过有一种"短轴"或"横幅"，它和长卷的观看方式又不一样。古代的立轴也不一定都是挂在墙上的。明代绘画里所描绘的立轴画的看法很特别：花园里，一个童子拿着一个杆子把画挑起来，观者一只手拉着立轴的尾巴，整个画面呈现弧线形。观者是拉着立轴的，不是走来走去地看。类似的特殊的"看"法还有很多。这些"看"和现在我们的"看"是不一样的。当时的人们是怎么看画的？在当时特殊的历史条件下的某种"看"法所引起的美感是怎样的？这又回到了上面讲到的重构的问题。总而言之，对艺术的形式或者媒材的研究会牵扯到许多美学层面的问题。

中、西在看的方式上有很大的差别。比如在观看的距离上，中、西就有很大的差距。中国画常常鼓励近读，手卷和卷轴画要拿得很近，眼睛和画面基本保持在一个手臂的距离。所以中国绘画比较强调微妙的线条，即使有比较粗犷的线条也不像西方那样明暗感觉非常强，远远地就给你非常强的立体感。我在国外上课放幻灯片的时候，发现中国画总是不太好看，看不清楚，那些优美的线条都消失了。可是西方油画一看就是黑白分明，立体感非常强。中国很早就将线作为一种造型的主要因素，这和看的方式密不可分。所以看的方式、看的距离和作品的视觉表现与艺术感受也有很大关系。

朱志荣：您认为时间因素在美术史的研究中应该扮演一个怎样的角色？

巫鸿：我在国内最近出版的一本书叫作《时空中的美术》，其中有相关论述。我觉得时间在美术中是一个非常重要的因素，可探讨的东西非常多。刚才提到的手卷实际上既是一种空间性的媒材，又是一种时间性的媒材。西方美学曾把艺术分为空间性和时间性两类，空间性艺术包括绘画、雕塑、建筑等，时间性艺术包括舞蹈、音乐等。这种分类对我们的艺术知识构成产生了很大影响。但现在，学者们越来越发现这种区分不是绝对的。虽然舞蹈、音乐确实是在线性的时间里完成的，但是也有很强的空间性。而绘画、雕塑虽然一般而言是空间的构成，但是往往也包含时间性。比如手卷，是一种绘画，但实际上必须在一定的时间内才能完成，所以说手卷既是时间性的又是空间性的。实际上"看"本身就有时间性，看什么东西都需要时间，不可能在瞬间就能完成欣赏。在看的过程中，人们要花时间去领悟作品，要由画面深入到审美的层面。大型的空间构成必须在时间里完成。这在所有建筑型的美术里都存在。所以时间在研究美术的过程中是不可忽视的,在分析具体的作品的时候就更为重要。我们不能说在美术史研究中时间比空间更重要,但这是一个绝对非常重要的因素。

朱志荣:您刚才说商周时期的礼仪、巫术情境对研究艺术作品来说是非常重要的。我认为,审美是感性,巫术则成体系,带有知性、理性的成分,审美应该早于巫术,人的感悟能力、趣味性早于巫术,但是有的学者认为商周以前很难有审美,主要是巫术。您怎么看待这个问题?

巫鸿:这个论题大概已经超出了我的专业领域。我接触巫术比较多的是通过人类学。张光直先生从史前谈到商周,认为通天地的东西都是和巫术相联系的,他认为我们今天称为艺术品的青铜器都是为巫术而创造的。我个人在写作中一般不太用"巫术"一词,这是因为英文相对的词为"shamanism",音译为萨满教。比较纯粹的萨满教存在于西伯利亚,并不是一种严格意义上的宗教,而是和"治疗"相关,或者进一步说涉及人与自然关系。类似的行为在中国古代也存在,比如在楚国据说就比较兴盛,屈原也写过类似萨满教的东西,比如说《招魂》和《大招》,都具有"治疗"的巫术性质。我之所以不用这个词,就是因为太过于向萨满教倾斜,人们会误以为中国古代的美术都是和萨满教有关的。我一般用"礼仪"这个词,首先因为这是中国古代自己的词。"国之大事,在祀与戎。"祀就是礼、祭祀,戎就是打仗、军事。像李泽厚先生谈的商周的青铜器,商周以前的玉器,甚至一些很薄很薄的龙山蛋壳陶,日常生活不能用的器物等,在当时都是礼器。这些我都归为礼仪，是为礼而造的，而不是为日常实用而造的。有一位西方学者写了一本书叫作《艺术为什么?》，研究的是原始时代艺术产生的问题。其论点很简单，即艺术是为一些特殊的目的而制造的，不是日常的、实用的。我认为这个理念可以成立。艺术品肯定和一般的东西不一样，不然就不叫艺术了。从这点出发，艺术就和特殊目的、特殊美感这两个概念产生关系了。古代美术的主要目的就是礼仪，它所具有的美感也不是日常的自然感受，而是一种特殊状态下的感受。

相对于抽象的美学原理我更喜欢研究历史。我想知道中国是在什么时候开始发现"特殊物品"的价值并开始花费大量的人力和资源去制造的这类物品的。玉器就是这样一种非常特殊的东西，不仅材料特殊，而且还花费大量的人力，制造出来却又是一些毫无实用价值的东西。还有龙山的蛋壳陶，虽然从外形上看还是容器，但却不能真正用来盛东西，实用价值几近消失。这些价值转化了的物品使人产生美感，又具有礼仪或巫术的价值。

朱志荣：您如何看待中国传统的艺术研究方法和西方的研究方法？有没有一种超越文化、超越国界的研究方法？

巫鸿：我的学术背景不太一样，中国、西方的学术传统训练我都接受过。我在中国故宫待过七八年，对传统的艺术鉴定方法可以说比较了解。在西方，我学习了西方的美术史研究的方法。我认为每种学术传统都和研究的对象有很大关系。学术传统不是超越历史的、绝对的，也不是超越文化的。比如中国的鉴定学、书画研究本身就是中国文化发展的一部分，有很强的地方因素。我认为每种学术传统都有自己的价值。但有没有一种超国界、超文化、超国度的方法论？我觉得可能有这样一种方法。但第一，这种方法论可能是很基本的，不是很细的。比如说，"原境""历史重构"等都是非常基本的概念，但研究到更细的地方，比如研究手卷的时候，东西方美术所要求的研究方法就不一样了。第二，这种超地域的方法不能否定特殊性和传统性。比如中国传统的考证、训诂方法有很长的历史，对研究中国传统文化，特别是文字方面的课题，作用还是很大的。再比如像刘勰、张彦远的著作中包含的一些分析方法，现在的一些学者可能觉得不够科学，没有太多的推论证据。但它具有一种特殊的角度。那种角度是否就要被现代学术否定？我觉得也不一定。我觉得学术研究可以有很多不同观点，不同观点之间可以互相交流。要是都变成一言堂或一种看法，那就很无聊了。

我觉得美术史研究不一定都要跟着一个方向跑。应该创造一些比较有意思、比较有个性的东西，这个人写的书完全可以和那个人写的不一样。中国的学术有它的传统，有它的长处。很多西方学者对中国美术史的研究，都是建立在中国学者所做的工作之上的，尤其是在基础性材料的鉴定方面。但怎样使这种大量的基础工作上升到精密的解释层次？这可以吸取国外的经验，因为国外的解释比较注重理论化。我们不能把中西方的研究方法对立起来，应该互补，看到每种方法的长处。

在20世纪80年代的时候，国内有一种把西方的理论学过来就行了的心态，西方也有一种到中国介绍"先进"理论和方法的欲望，我称之为"传教士心理"。但我想很多人目前大概也发现了，外国方法并不是那么好用，它不像一个套，套上就解决问题了。很多具体的理论和方法论，离不开具体的研究对象。对象不同，方法也不同。做什么东西需要什么工具，不能甩开要做的东西。做椅子和盖房子所需要的木工工具是不一样的。

现在国内翻译的外国理论著作越来越多了，我觉得接下来要思考的是如何根据对象而研究出适合自己的研究方法。此外在借鉴西方美术史研究时需要考虑研究对象的可比性。比如说有的学生研究佛教艺术，我会建议他看一看欧洲中世纪基督教艺术的著作，这样可以有个互证。宗教艺术在一些基本问题上是相通的。所以在借鉴的时候，要有一个历史基本问题或研究对象的基础，完全没有这个基础就很难有一个宏观的方法。但即使是研究对象相通，也不要硬搬西方的理论和释读。

朱志荣：中国国内有批评认为，当下一些美术作品有意识地明确表达思想观念的目的性较强，以致背离了基本的艺术规律和宗旨。您如何看待这个问题？有人批评当代一些艺术家的艺术语言很肤浅，却在欧美受追捧，您怎么看待这个问题？同时，中国当代的艺术家从过去自发的思考到现在自觉的思考是一个很重要的进步，您对此有什么看法和建议？中国现代美术从模仿西方现代艺术起步，经过几十年的发展，您觉得他们现在依然是处于模仿阶段还是已经形成了自己的语言？如果他们依然是处在一个尴尬的位置，那么是什么制约了他们？

巫鸿：我觉得中国现当代艺术所取得的成就还是很大的。徐悲鸿、刘海粟等老一辈艺术家在国内接受教育，然后出国留学回来，引进了西方的一些艺术理念和创作方法。一直到20世纪70年代末期以后所谓的当代艺术，基本还是一脉相承的。现代化的美术运动在中国造就了新的传统，这个新传统并没有完全取代古代的国画传统。中国传统的艺术门类，如中国传统的水墨画，还是很受欢迎的。其结果是中国现当代艺术中形成了"西画"与"国画"并驾齐驱的局面。

当代艺术可以说是"西画传统"在当前的继续演进，因此不必要反对和惧怕。表面上，这种艺术看上去和西方区别不大。但其实整个的格局和西方大不相同。我这样说是我们有两个强大的轴心，即"西画"和"国画"的传统，而西方本身自然是沿着西画的轴心发展的，并没有一种具有冲击性的外来传统与之互动。中国现代美术中的这种双中心模式造成了一种很特别的现象：在艺术史里和在美学的思考里，既有很强的民族文化和民族、国家的概念，又有很强的世界性概念，这两种概念在不断对话，而不是一个吃掉另外一个。这是理解中国美术处境和评价当代艺术的基础。

一个非西方的、有很强的本地性的文化艺术，和全球化的艺术或者说西方的艺术两者不停地互动，产生了另外一种新的艺术。这是我对当代艺术未来的希望。这种新式的艺术，不完全是西方的，也和传统美术有别。新一代艺术家应该能尽量吸收一切有益的东西来进行艺术创造。

我常常把中国当代艺术中的开拓叫作"实验"。顾名思义，"实验"不会马上就有结果，不是马上就能盖棺定论，其中肯定有成功也有失败。所以实验艺术既有开拓性，也有不成熟性。作为一个比较成熟的批评家或策展人，就要能够比较敏感地观察到真正的而不是虚假的实验性。有些所谓的实验其实是人家做过的东西，拿到中国好像很前卫，其实国外早就有了，那就不是真正的实验。还有一些所谓实验没有一个很坚强的逻辑性和目的，要实验什么并不清楚，因此其本身价值也不会太高。

西方学者或欣赏者对中国当代艺术的接受取决于他们自身的兴趣和习惯。能不能吸引观众是美术馆是否组织展览的重要因素。所以我觉得有些作品在中国和西方有截然相反的评价是相当自然的事情。总之，如果说我们对西方的艺术有我们自己的观点，西方对中国艺术有他们自己的观点也无可厚非。

举个例子，在世界上很有影响的专门收藏和陈列当代艺术的古根海姆美术馆最近设立了东亚部。但是它有一个很明确的方针，即并不是要收集和展览所有的东亚当代艺术，而是只展览具有全球概念亚洲艺术家的作品。根据这个方针，该馆就选择了中国画家蔡国强的作品，做了一个专人的大展。这种观念是不是正确我们可以讨论，具体挑谁或怎么来解释也可以商榷，但美术馆必须确定某一特定范围来进行展览是没错的。再比如，有些外国人比较习惯看抽象艺术，中国抽象书法这样的艺术很容易让他们觉得挂起来挺漂亮的，但中国或者日本的书法家一看就觉得水平不高，认为没有真正的传统笔法。所以在衡量一件作品时肯定有不同的标准，这也是正常的。

朱志荣：您认为中国传统美术史（艺术史）批评术语，如意境、意象、言意之辨等，对中国当代美术批评有意义吗？国内策展人高名潞提出当代艺术的"意派"理论，您如何评价？整个传统的批评术语是否可以在当代进行理论重构？如何重构？

巫鸿：对中国美术史研究来说，传统批评术语非常重要。把西方美学术语直接翻译过来，用在中国美术史研究中，肯定会出现一些问题。能够使用中国传统的术语是一件好事，因为这些术语属于中国美术史的原境。比如我用"礼仪美术"这个术语，就是在有意识地向这个"原境"靠近。"纪念碑性"（monumentality）这个中文词我不大喜欢，因为这是一个生造的词。20世纪90年代初我写这本书的时候，主要是给英文语境的人看的。"monumentality"在西方文化和艺术中是很重要的一个概念，但翻译成中文就很别扭，很拗口，说也说不清楚。所以在后来的书中我就用了"礼仪美术"这个词。它是中国自己的一个词，和"monument"概念很接近，但又有区别。外国的"monument"一词，和礼仪、宗教、政治很有关系，但往往是指体型巨大的作品，如大型宗教建筑等。中国的"礼仪美术"就不一定是这样，它可能很小，却叫作重器，比如玉器也小，但非常重要。传统的概念可以和要解释的东西在同一个历史环境出现，所以更值得推介。

另外，这些概念本身就是历史，本身也是研究对象。比如"礼仪"在历史上到底是什么意思，也不是我们现代人一下就懂的，需要进行研究。再比如"意境"这个词，我们可以用这个词，但古代这个词是怎么发展来的，在各个时期是什么意思？现在用的"意象""意境"诸多概念可能已经是现代的概念了。要想使得这些概念和古代美术研究结合起来，就必须对这些概念进行梳理。这既需要理论训练，也需要历史训练。如果希望用它们来解释美术作品，那对美术史研究的要求也要更高了。

朱志荣：很多人都在致力于中国画的继承与发展，但有一部分画家鄙夷中国传统，认为中国画不能与时俱进。

巫鸿：我觉得后一种说法基本已经被现实否定了。2010年，我在北京主持了以"当代水墨和美术史视角"为题的一个学术讨论会，邀请很多国内外艺术家和学者。学者们基本肯定水墨画在当代仍然在不断发展和探索。大家谈的角度虽然不一样，但都对实验性的探索表示了肯定。这种努力的本质是希望通过革新来保留传统，目的不在于保留完全的传统的表现样式。这些画家所保留的基本上是水墨、纸的媒材和水墨画的一些美学因素，而不是具体的画法。我个人也主张通过革新保留传统。

如上所说，现在中国艺术基本的情况是在沿着西方和传统的两条路子前进，两者之间又有互动。一些试验探索水墨的画家希望和油画艺术家产生互动，使国画为世界艺术发展作出贡献。虽然结果如何现在很难估计，对未来有没有贡献也没有一个人能马上作出结论。但是这种努力是非常重要的。美国最近两年举行的中国美术展也包括了越来越多的水墨、山水画作品，这可能是一种趋向。

朱志荣：从政治、伦理等角度研究中国美术史固然重要，但审美意识的角度是否依然是美术史研究的基本角度？当然揭示象征性等也都是属于审美角度，您对此如何看待？

巫鸿：我觉得严格意义上说国外美术史对这种角度不是太强调。可能也在谈这个问题，但没有用"审美"这个词。比如他们谈观者的主观感受的时候，就和审美的角度比较接近了。从客体到主体对它的感受的方面，不但要谈这幅画的风格、样式，而且要谈怎么感受它。西方可能在用别的学术语言来说这个问题，比如对"视线"的讨论。在西方学界，审美一般属于哲学领域。

朱志荣：中国哲学和文学中的复古倾向意在校正走入歧途的行为，是一种继承传统的创新。中国美术史中的复古有什么特点？

巫鸿：中国美术史的复古问题非常重要，我在《时空中的美术》中曾经涉及。我们谈艺术史、历史往往用进化论的方式，就像一个人必须经历出生、长大、变老、死亡几个阶段。而复古的逻辑完全是另一种情况，就像老头能变成小孩、把时间的顺序倒转一样。但是我们应该了解，复古艺术实际上并不是真的复古，而是一种很前卫的东西，对当时来说很特殊、不入时人眼的样式。比如说董其昌、陈洪绶都是要通过复古来创造一种新的模式。商代青铜器已经具有了很明显的复古倾向。孔子说"克己复礼"，也是通过复古来构建一种新的社会。我想也可能将来会写一部另类的中国美术史，以复古的方式，而不是进化的方式，写出美术的发展和变化。

朱志荣：最后我想请您谈谈对于滕固等现代美术史家研究的看法。

巫鸿：对于滕固先生的学术道路我还没有专门做过研究，接触到的仅有两点。一是在研究汉代美术学术史的时候读过滕先生有关汉代画像的文章。其中他把汉代画像分为"拟绘画"和"拟雕塑"两类，据此我认为他可能是第一个把欧洲美术史中的形式分析学派的理论引进中国，用以分析传统中国艺术的学者。他的这个说法的来源可能是瑞士著名艺术史家沃尔夫林，他把绘画的性格分成五项对立的要素，其中一对就是绘画性和非绘画性的对立。这个理论当时在全世界的美术史研究中起到很大影响，比如说美国对中国美术史研究就受到很大影响。滕固把这个理论引进中国并用于分析中国古代艺术作品,说明中国美术史的研究已经开始采用西方话语模式。虽然今天我们对这个话语有所批评,但是用历史的眼光来看,当时仍然是很有功绩的。第二个接触点是在我讨论"废墟"的概念和视觉表现的时候(有关著作将由世纪文景出版),一个关键的问题是对建筑废墟的保存和形象再现在中国的产生及其条件。滕固于20世纪上半叶在德国发现圆明园的早期照片,并将其在中国复印出版,这对废墟的保护和艺术再现起到相当大的推动作用。总之,以此为例,我们对作为现代学科的美术史在中国的早期发展还了解得很不够,需要作为一个专门的课题来研究。西方美术史对自身的历史非常重视,在研究院有专门的课程,所有的博士生都必须选。这也是学科成熟的一种表现。中国美术史有自己的历史,应该对许多先行者的历程和著作进行仔细的研究和分析,把这部历史建立起来。

朱志荣:今天您的这番话让我收获很大,相信对国内的学人也会有很大的启发。非常感谢巫老师,期待今后还有机会向您请教。

巫鸿:不客气,有空可以保持联系。

中国文学与文论研究方法论
——蔡宗齐教授访谈录

蔡宗齐　朱志荣

蔡宗齐（Zong-Qi Cai），美国伊利诺伊大学香槟分校东亚语言文化学系教授，著名中国古典文学、文论研究华裔学者，著有《比较诗学结构：三种审视中西文学批评的视角》《德里达和僧肇：语言学和哲学的解构主义》《华兹华斯和刘勰的文学创造诗学》《中国文学批评体系的生成：〈文心雕龙〉与早期文献中的文学观》等。

2011年5月，在我即将结束在美国伊利诺伊大学香槟分校的访学之际，蔡宗齐教授在百忙之中接受了我的采访。当时他家里有着重要的事务需要他操劳，课程也较多，可谓焦头烂额。考虑到我即将回国，他还是抽了半天的时间，在他办公室里接受了我的采访。

朱志荣（以下简称"朱"）：蔡先生：您好！首先感谢您接受我的采访。作为著名的从事中国古典文学、文论研究的华裔学者，您认为中西诗学的思维范式有何差异？这种差异性对中西文学的关系的影响是怎样的呢？

蔡宗齐（以下简称"蔡"）：谢谢。我想，这个问题在我的那本《比较诗学结构：三种审视中西文学批评的视角》书中前四章比较宏观地谈及了。我的主要观点是中西文学批评家都是在各自传统中某一种世界观的框架里面思考文学的本质、起源和作用的，无论有意识或无意识地（这样做）。例如，柏拉图谈文学的话其实是哲学讨论的一部分，所以自然地就打下了一个很明显的烙印。文学作为一种实体来考察，对这一实体的评价是以真理为标准：文学究竟是不是真理的一部分，还是一个假象。柏拉图认为"模拟"是不好的，不能够介入真相的本质。到了 Aristotle（亚里士多德），他觉得文学，尤其是戏剧的情节，能够反映出生活现实中不能直接看到的内在的规律、内在的真理。怀特海不是讲过"西方哲学都是柏拉图的脚注"，我觉得，西方批评家对文学、文学理论的探讨始终都逃脱不出柏拉图二元论的框架。包括以后的解构主义，之所以它解构，是因为有个中心在，所以它最后还是逃不出这个框架。可以说，没有二元论就不会有解构主义的存在。

　　文学是不是真理？文学能不能够反映绝对现实？这些并非是中国古代文论家特别关注的问题。中国人刚刚开始讨论的诗歌、诗言志啊等等，只是作为一种现象，是礼仪、宗教、政教活动的一部分，旨在调节人与神、人与人之间的关系。在真正开始讨论文学本质的时候，他们就把诗、文放在以"道"为中心的一元论宇宙观中进行审察。

　　朱：您说具体是到什么时候？刘勰吗？

　　蔡：对。刘勰的《文心雕龙》。他对文的起源、本质、作用等作了系统的讨论，很明显地把文放在中国哲学观的一个框架里，尤其是《周易·系辞传》所描绘的"道"和万物的关系这个框架里。他自己说道："道沿圣以垂文，圣因文而明道。"所以后来"贯道"啊、"载道"啊、"明道"啊等等，关于文学本质的讨论基本上跳不出这个框架来，都是从这里来着手考虑的。也就是说，文学并不是像西方的一种"精神实体"或者是一种纯精神现象存在，而是属于"道"的一个表现。

究竟是哪种表现，自身是不是"道"的直接呈现，还是说只是一种"载道"的工具而已——得了"道"的话就可以"忘文"，即所谓"得意忘言"？宋代贯道派和载道派给出了不同的回答。以后的明清关于"至文"的讨论也无不围绕"道"来进行，至文就是最直接地呈现"道"。总而言之，中西文论所依赖的世界观的框架不一样，两者的定向、关注重点和发展的轨迹自然就不一样了。这点本人在《比较诗学结构：三种审视中西文学批评的视角》中的《宏观篇》作了较为具体的阐述。第一章就是评论西方文学理论走向的。西方文艺理论并非是放之四海而皆准的，不过是西方文化框架中的一个产物。从中国文化的背景来审视西方文学理论传统，就会发现它总是把文学放在一个真理的坐标里来衡量，和西方哲学史的发展走向是同步的。

朱：在这样的情境下，中西学者应如何进行文学和文艺理论的研讨，并建立起自己的理论框架和论证方法呢？

蔡：我很难讲别人是怎么样进行研究的。也许你大概是想谈知识结构的问题吧。像美国的话，大学的课程安排和学分的要求多少反映出"知识结构"这一理念。比如说你一个本科生来这儿，人文学科你要修够多少学分，然后社会科学要多少学分，然后有多少分是写作方面的,等等。可见这里后面也有"知识结构"这样一个理念。我觉得美国大学可能采取的是一种比较自由选择的方向,各种各样的课程都设置好了,然后怎么样搭配,是由你个人决定的。就等于是一堆积木放在那,你怎么把这堆积木建成什么建筑、组成什么结构主要是由自己选择的。这种做法也有好处。

朱:你有没有自觉地建立自己的"知识结构"呢?

蔡:我是七七级的大学生,七九级的研究生。记得那个时候报刊上有不少讨论"自我设计"的文章,对我启发很大。我当时就把文论定为自己的研究方向,开始注意学习西方文论和哲学的原著。要把文论思想搞懂弄通,我觉得哲学的底子很重要。1984年我获得UMASS(麻州州立大学)奖学金,赴美攻读比较文学博士学位。在那里的三年,我主要工夫是花在西方文学理论和西方哲学方面,在美国学术杂志上发表了几篇这方面的论文。后来,我觉得国学的底子太薄,便转到普林斯顿大学,在高友工教授指导下研修中国古典诗歌和诗学。

朱:你在普林斯顿大学学习最大的收获是什么?

蔡:在高老师指导之下,我终于摸到将读书与研究相结合的路子,这对我日后的学术发展产生了极大的影响。我当时想,只有把中西文论传统及其后面的哲学传统都搞清楚,然后看东西才会有自己的观点,形成自己的看法。于是,经学、哲学、诸子百家、佛学都有意识地一样一样来研读。主要著作一部一部地念,在念的过程中每发现一个选题,就带着选题进一步地钻研。我的体会是,学问是相通的,往往学会了一点,就可以以点带面。整个传统的著作要一本本地念这样也可以，但要是找到一个缺口，从这个缺口扩张开来。有了多个缺口，一连起来的话，对整个的传统既有一个较全面的了解，又可以得出不少有意义的选题。从某种角度来说，就像下围棋一样，要以点带面，逐渐开创出一个大的局面。

朱：也就是说，学习的过程中要找选题，而选题又促进研究和进一步阅读。

蔡：对，阅读对于研究方向而言可以发现选题，而且有个好处是中英著作同时念，启发很大。佛学没人教过我，都是自己一点一点苦读硬"啃"的。当时念黑格尔、康德的有些著作也同样难念，一星期只能念十来页，但是我觉得很重要的著作必须慢慢、一字一字地"啃"，一旦"啃"下来的话呢，就会有"一览众山小"这样一种感觉了。初初一看，原本觉得Derrida（德里达）的著作中不知所云的一些内容，读完了僧肇之后回来一看就会觉得豁然开朗。他的解构要解决什么哲学问题，他为什么会用这种解构的思维方法，等等，东方理论中也要有。同样，由于有这方面哲学的浸润，然后回头一看中观哲学，觉得很有心得，觉得并不是那么难。同样，德里达的解构哲学又帮助我打开了佛学研究方面的一个缺口。以后再看别的佛学文章，就会有一个参照、一个比较。通过比较的话，可以理解每一个学派有哪些新的观点、新的立场，具有怎样的论述方式、思维方法。我想，要是没有将僧肇和德里达的哲学相互参照，那么对两个哲学传统的把握就会更加困难。

我当时把参照研读僧肇和德里达著作的心得写成《德里达和

僧肇：语言学和哲学的解构主义》一文，先在美国学术杂志上发表，后又扩充写成《比较诗学结构：三种审视中西文学批评的视角》的一章。这篇文章的中文译文在国内的杂志上刊登过，网上转载的也很多，似乎还是有一定影响的。

朱：你说的中西参照，中文常称作"视野""视域"。

蔡：有了这样的视野或视域呢，考虑问题，别人想不到的你就可以想得到。视域越丰富、越多面化对于研究而言就越好。回到"理论建构"的话题，学用结合，中西参照，以点带面，争取全面开花，这是我所使用的主要的方法。

朱：能不能继续谈谈论证方法？

蔡：有关论证方法，可以用一个不是特别恰当的比喻，写文章我是用"赋"的办法。《诗经》六义"赋比兴"中的"赋"，是三者中最为"实"的办法。对原材料方面进行分析、综合，然后得出自己的一些观点，这种归纳式的推论可以喻为"赋"，这是比较传统的。但是有的学者也用"兴"的办法，"赋比兴"的"兴"是最富有想象的。就是现在所谓西方的新历史学（New History），通过一些看来好像不是很特别值得注意的一些文化现象、轶事趣闻、一些重要人物的生平活动，对一些相类似事件进行分析，通过比较得出结论，然后展现一个社会变化、社会力量内部的动态关系。这种写法不是采用一、二、三、四的直线论证，但是往往能够发人深省，能够引起读者丰富的思考。这种用"兴"的办法来写文章，也是挺有趣的。我想能够用"兴"的办法来写文章的人，是有文学的天分、思想灵活的人，他们用这种方法来做学问的话是比较适合的。哈佛大学的王德威教授在他最近所写的一些关于中国抒情传统、"有情"历史方面的文章，往往就会用这种"兴"的写作方法。这种写作方法呢，驾驭起来不容易，也需要进行较为深邃的分析，这种分析往往是藏在似乎无甚关联的事件之间，然后把它们放在一起，从而阐述某一种道理。

朱：您主要用"赋"的论证方法。

蔡：我是用了这样的一个比喻，当然不一定准确。

朱：是求实的、实证的方法。

朱：你认为中美学者研究中国古代文学的方法有何差异？

蔡：这个我就很难一概而论、妄加评论。毕竟每个人的情况、研究的路子不一样。我就讲我自己吧。我觉得用英文来研究中国古代文论，既是挑战，也是一个机会。挑战是在于呢，你用英文写作，首先是如何把一些在西方传统里没有的概念、论题用能够比较清楚、易懂的英文把它解释出来，这要下很大的功夫的，是一个很大的挑战。同时，这对于做学问来说也是一个机会，因为对我们中国人来说，中文写文章时碰到一个复杂的概念，不是那么清楚，你可以虚晃一枪，引用相关的陈述，用一种比较空泛的语言来一笔带过。但是英文的话就不行了，英文必定要有一个选择，比如某一概念、某一俗语主要是表达什么意思（当然也有其他的意思，但是对它的主要含义必须有一种把握），从而作出一种明确的而不能是模棱两可的选择。这样的话就逼得研究者去对原文进行精读、细读，花很多功夫来揣摩、来推测它的意思。

朱：要花心思揣摩原文的准确含义，并寻找英文中意义最接近的词语来翻译。

蔡：对。在作者的具体作品中的上下文之间揣摩，同时还要考虑其整体的文学思想以及当时文论发展的语境。比如"以意逆志"这个命题，在不同的时期、不同的作者对它有不同的解释，借以创立自己的诠释系统。在中国文论研究方面，我特别注意研究重要术语、范畴、命题在不同时代的著作里有没有产生新的含义，这种新的含义对从前的意义有什么改造，对当时和以后的文论发展有什么推动。这一方面要大量阅读一些我们平常很少讨论的文献，然后从文献中推演出这种历史发展的脉络。我对明代郝敬"温柔敦厚"理论的研究，实际上是按照这个思路来进行的。

由于我用英文写作所面对的是普遍的英文读者，他们对于中国文学传统了解较少。当介绍中国文论时，不可能是把所有的著作都介绍一遍，那样的话呢就是事倍功半，所以只能重点介绍主要命题的发展。面对西方读者，我们不能只讲某个命题到什么时候有谁提过，这只是罗列一个现象而已。而是要分析研究对象的前后发展，梳理出其历史发展的脉络。用这样的方法研究中国文论，我们会更加清楚地认识到，中国文论并非没有系统，只是其系统性与西方的不同，主要体现在术语、概念、范畴和命题的内在互文关系之中。我觉得，用英文研究中国古代文论，得出的观点阐述往往就跟用中文写作的学者的理解有所不同。

朱：这种不同不是为了"不同"而不同，而是自然的不同。

蔡：对。这种用英文的写作就有此好处，之前我在与张海惠的谈话中，就谈及此中很多问题（载于《中美大学教育体验与比较：美国知名华裔学者访谈录》，北京：中国人民大学出版社，

2011)。比如说,对美国学生讲解律诗韵律催生了一种新的解释方法。以前谈律诗的时候,很少有西方学者把格律标出来,因为大家都认为它对西方学生来说太难了。事实并非如此。为了帮助完全不具备这方面知识的学生学习,我在《如何读中国诗歌:导读选集》一书的《五言律诗》章中用一种新的、更简洁的诠释方法讲了律诗格律。我们习惯所说的仄起首句不入韵,仄起首句入韵,平起首句不入韵,平起首句入韵四种格律,简直无法译成可读的英文。一种格律的名称翻译过来大概就有一行那么长,若不加上大段的解释,谁也搞不懂这里面的名堂,我们的学生不被弄糊涂了才怪呢。

为了解决这个问题,我决定把描述格律形态改为分析格律生成的内部规则,进一步阐发吾师高友工教授的律诗说。第一步是说明单句中平仄最大对比的规则(the rule of maximum contrast within a line),让学生推演出平仄组合的两大类单句:二二一句(2+2+1 line)和三二句(3+2 line)。接着根据平仄出现的不同顺序,把二二一句细分为仄仄/平平/仄、平平/仄仄/平,把三二句细分为平平平/仄仄、仄仄仄/平平,共得入律单句四种。第二步是解释一联中两句之间平仄最大对比的规则(the rule of maximum contrast within a couplet),让学生把四种单句分别组合为两大类双句,即二二一联(2+2+1 couplet)和三二联(3+2 couplet)。第三步是解释相邻两联之间部分等同的规则(the rule of partial equivalence between two adjacent couplets),即中文里所说的"粘",让学生推演得知,律诗中二二一联和三二联必须轮流使用,两联交替出现两次而构成律诗的四联。首联若是二二一（仄仄平平仄/平平仄仄平），那么颔联必定是三二，而颈联和尾联则是二二一与三二的第二次轮换。相反，首联若是三二（平平平仄仄/仄仄仄平平），那么颔联必定是二二一，而颈联和尾联则是三二与二二一的第二次轮换。就律诗韵律生成规则而言，首联二二一式和首联三二式可称为律诗格律的正体。最后，把这两正式的首句换成平声结尾的入韵句，就得到律诗格律的两种变体。

如此解释律诗格律，简单明了，效果甚好。我个人认为，这种分析比起国内对于韵律的传统解释，似乎更简单明了。这样做不光是客观的描述，而且是解释韵律为什么成为韵律的基本内在道理。前面所提到的三条规则，不懂中文的美国本科生都可弄懂，掌握之后完全可以把律诗的四种韵律都推演出来。这是我当初没有料想到的。我觉得用英文进行研究的好处，包括新的视角、新的考虑问题的方法，新的观点、新的阐述方式，等等。

朱：深入浅出的教学给不具备中国文化背景的美国学生提供切实的学习方法，给教学带来新气象，利于中国诗歌在西方的传播和学习。能不能谈谈您在这方面的研究目标和志向？

蔡：作为一位汉学研究者，我觉得自己有着要把中国文学、文论、美学的传统介绍给西方读者的重要使命。但是这种介绍呢，我觉得不应该仅仅停留在用英文把目前现有的学术成果或者学术原著翻译出来介绍给其他读者（虽然这点很重要，但是这只是第一步）。更重要的是，在这个介绍过程中，对传统、对研究对象要提出一种新的理解、新的阐述。同时，这种新的阐述又能够回馈给国内学者，而且为他们提供一种参照。我觉得这样的话呢，研究才具有真正的意义。我觉得要是只是用英文把现有的学术研究成果罗列、介绍出来是比较低级的一个研究层次。我认为，汉学研究者立志要高，要有这样的志向，并朝这个方面来努力。

朱：您在《中西文化比较中的内文化、跨文化与超（个体）文化视角》（《文艺理论研究》2009年第4期）一文中，以三个新的视角深刻指出中西诗学体系的不同，这三个视角的提出有着怎样的学术背景呢？

蔡：内文化视角，是针对比较文学里面浮躁、粗浅的倾向而提出的，（这种倾向）把一些具有某些类似的现象进行机械、肤浅的比较。我觉得，在中西诗学的研究中有很多相似论题、相似观点出现，它们的出现都有自己文化历史的背景，都是各自文化在不同历史时期发展的一个产物。就是说它们解决的问题、提出的观点是有感而发，是针对某一种现象而提出来的，而种种现象背后的内容和意义是不同的。钱锺书先生的《管锥编》收集了很多类似的论述，就是在西方典籍和中国典籍里面的各种类似的观点陈述。这是一个很有用的索引。可是不能因为它们有着相似的论述就简单地进行比较，研究者在比较的时候，首先要搞清楚这些观点产生的原因、发展的来龙去脉、对以后的各自文化传统产生的不同影响等方面。在搞清楚这些的情况下，再进行比较才不会流于肤浅。所以我就提出了所谓"内文化"视角。在分析中国文学的时候，研究一个问题应当考虑为什么会在中国文学中产生，在中国，古人是怎么看待它的，为什么是这样一个视角，或者为什么他们不会提出这个问题。能这样考虑问题就可以说有

"内文化视角"。

所谓"超文化"视角主要是解决比较文学里的两种偏颇的倾向,就是"有无之说",即某一观点这个传统里有、那个传统里没有;或者是"先后之说",即某一观点是哪个传统先有、哪个传统后有。我觉得如此比较没有太多的意义。我认为,要以所谓"超文化"系统作为衡量标准,不能够用一文化系统的架设来评价另一个传统。不是哪一种阐述一定比另一种更加先进、更加科学等等,(它们之间)没有什么优劣之别,这样的话你才能认识和赞许人类对文学理解的多面性、丰富性。为了建立这种"超文化"视角,我们比较、立论的支点不能放在具体某种文化传统特有的论题之上。比如说,不能用"模仿说"来作为比较的基点,毕竟"模仿说"贯穿了西方整个文论传统,把它硬套在中国传统之上是不妥当的。比较应该放在各种文化共有的论题之上,比如说"创作过程"这类几乎所有文论传统都会考虑的问题。我那本书最后一章实际上讨论的就是两种比较极端的、偏激的观点:要不是过分强调相同之处,要不就是过分强调不同之处。偏激的话就招致很多文化偏见、种族偏见。站出中国传统之外,参考西方文学批评理论,去看中国的传统东西,提出的疑问和观点往往是单纯用中国传统思维方式思考问题时提不出来的。有了这个不同的视角,可以发现过去没有发现的研究课题,即使是千百年以来一直关注的古老课题,也会有新的思考视角,有新的分析方法。但要注意的是,如果仅仅把中国文学作为材料放在西方的理论框架中,就会使中国文学成为西方文化的附庸,成为诠释西方理论的材料。这是不对的。有深度的跨文化视角是中西两种内文化视角成功结合的产物。

20世纪像朱光潜、宗白华与更早的王国维，他们为什么学问做得那么优秀，我觉得他们都有中西"内文化"的视角。国学的那种根底，（加上）对西学整个传统的了解，对西方整个系统的研究和训练，所以他们写出的东西就令人耳目一新，开拓了学术的一个新的境界。

朱：他们的根底雄厚，再加上他们的天分……天分好也是一个方面。

蔡：对，悟性好。光有悟性天分不行，光有学问也不行。他们的悟性、学问都出色，中西学问都做得好。现在这样的大师级人物已经很少有了，我们也是只能靠集体地、慢慢地努力了。

朱：您认为在具体的文学批评实践中应如何避免理论"先入为主"？

蔡：我觉得，在文学批评实践中，理论的设想和材料的运用论证其实是相辅相成的。任何一个学术文章里面都有一个理论先入的问题，比如说存在一种观点，要解决一种问题，表现出一种想法，等等。批评家必定受到他先前各种理论框架、所感兴趣的问题等方面的影响，自然会从某个特定角度去阅读原始材料。人的脑袋不可能是空白的，必定有自己设想的观点、要解决的问题等，但是研究就要尊重原始材料，原始材料要求推翻自己观点的时候就要推翻，该修正的时候就修正。这种互动的过程可以让学者的观点越来越缜密可信。我想这是做学问应该注意的。

另外，不同的理论都要接触。因为不同的理论适合于理解和解释不同的文学现象和问题，并没有哪一种理论是可以包医百病的。运用西方文学理论,切忌现买现卖,立竿见影。常州派词学大家周济认为作词要"有寄托入,无寄托出",即作词时先有一个想寄托的东西,或与政治事件有关的,或与道德情操有关的,但写出来的时候别人看不出,想要寄托的东西似有似无,蕴藏在一种很美的意境里面。此原则也应该用在对西方理论的运用上,所以我把它改为"有理论入,无理论出"。吃透弄懂各种理论后,渐渐把它们消化为自己的东西,形成一种分析问题的锐利眼光。然后,自然会有不同的分析视角,得出不同的结论。相比之下,我觉得把西方理论大段大段地搬来引用,把最时髦的批评术语挂在嘴边,是一种低级的运用。高级的运用应当是"无理论出",即透彻理解中国的和西方的理论,不露痕迹地融合运用,形成一家之言。还有,我发现检验西方理论运用是否妥当,往往要看自己得出的结论与古人的观点有无灵犀相通之处,能否对古人理论作出可信的、精湛的现代诠释。要是哪个人说我是搞什么结构主义、后结构主义,那就能够知道这个人的研究恐怕比较偏激、比较肤浅。没有任何一种理论能够什么问题都可以解决的。这样的话就能够避免一种所谓"理论先入"。有一个理论立了之后,然后就死守这个理论,觉得这个理论是绝对真理,一切材料要为这个理论服务,这就错了。但是如果说我们带着一种理论的思维、观点去接触原始材料,我觉得是没有什么错误的。

朱:海外华裔学者的中国文学研究有什么特点?

蔡:海外华裔学者的中国古代文学研究有什么特点,我想这个最好是让我们圈外的人来评价,否则我讲的话必然就可能有自己的偏见、门户之见。这个问题可以参看王万象《中西诗学的对话：北美华裔学者的中国古典诗研究》（台北：里仁书局，2009年）一书。他本人在美国留学不下十年，所以他对英文材料的掌握方面是比较全面、丰富的。上海古籍出版社2011年出版的徐志啸《北美学者中国古代诗学研究》也对这个问题进行了较为系统的论述，材料使用比王书更为广泛，更为均衡一些。

我觉得需要补充的一点是，要有原创，不能迷信权威。要这样做的话往往要付出一种代价，别人可能会误解说是狂妄，招惹很多风言风语，难免受到各种挫折。我想原创是学术的生命所在，为了学术的真理、学术的追求的话，这类事情你不能顾虑太多。如果谨小慎微、瞻前顾后的话，这个人很难在学术上有所原创，都是做别人做过的学问，跟在别人后面，做出的学问再好能到别人的一半就不错了。叶燮《原诗》里面讲"才、胆、识、力"，我觉得他是在讲学术原创的问题。学术上要有"才"，才能有原创。没有"胆"、没有"识"、没有"力"、没有"识"的话，创新是乱创而已，就不是创新了。

朱：对于国内当前的研究，您如何看"和世界接轨"这一表述？

蔡：我觉得在国内"和世界接轨"这个词用得很多，但是我对这种用法持有一点保留。用这个"接轨"一词的话往往是说中国是落后的了，中国现有的模式是不适用的，现有的实践和理论都是过时的，你必须追上世界，与世界接上轨，往往有这样的含义。我觉得能不能改成是与世界"沟通交流"？这应该是一种双向的过程，在与世界融合过程中也改变着世界。中国的经济方面已经在这样做了，的确是中国在改变世界，而不仅仅是一种消极的"接轨"。要是讲"接轨"的话也存在着他们和中国接轨的问题。但是文化方面存在滞后性,文化建设是十分重要的,但并不是说让中国文化去建立一种新的霸权地位。中国文化对世界有贡献,可取和供采纳的地方有很多。我们在这里进行中国学研究的人们觉得有一种历史使命,要努力发挥一些应有的作用。妄自菲薄和狂妄自大都不行。

朱:就海外中国文学与文艺理论而言,您认为当前的研究和教学的发展情况如何,面临着哪些挑战呢?在您的研究和教学中,遇到过此类问题吗?

蔡:说到从事文论研究的挑战,我觉得教学生和做学问都一样,用英文教书、用英文做学问就会碰到困难和麻烦。就个人而言,这同样是一个学术创新的机会,机会和挑战共存,机会是更多的。中国文学在美国是一个基本的教程,开的课古典也好、当代方面的也有。本科、研究生都有,而且将来修这个课的人会越来越多。当然主要是通过翻译作品,等于是我们国内中文系里面的外国文学教研室开设的外国文学课程。

我们学校为本科生开设的中国古典文学课程主要分为三类。第一类是东亚和中国文化课的一部分,大约占授课内容的1/4左右。第二类是关于中国文学概论的课程,要涉及不同时期的主要文体。先秦儒道经典往往被作为古典文学课程的内容讲授,而且一般是在课程一开始的时候讲,这样的话,随后的文学作品分析就比较容易开展。古典和现代文学两部分通常分开来讲授,各需一个学期的时间。第三类是给高年级学生开设的,多半是按照文体分的,比如诗歌、戏剧、小说等,有时也专门开设文学批评课。研究生课程的开设或是按照文体，比如诗歌、小说等，或是按照专题，比如唐诗、宋词、元曲等。另外还有一些与教授个人研究课题紧密相关的课程。中国古代文学的博士研究生除了本专业还要选修两年的日文课和一些其他学科和领域的课程，比如，要再修一些历史，或哲学，或其他相关领域的课程，同时也要修韩国文学、日本文学这类课程。

中国古代文论和美学大概是教学和研究的冷门。欧洲基本上没有什么人在做这方面的研究，而在美国专门进行文论、美学方面研究的学者也不多。著作呢，即使包括论文集也就是数得出来的那么几本，这是一个空白，也是等待我们去开拓的"处女地"。这很重要。正因为如此我才把中国文论、美学作为自己主要的研究领域之一。

朱：您能简单介绍一下美国的学术会议有什么类型，具体是怎样的吗？

蔡：关于美国的学术会议，你来了之后也许多少有点体会。会议主要分两种。一种是年会，比如说亚洲学年会，开会的话就像商业操作那样，到会者有一两千人，研究生多是通过参加这种会议接触学者、找工作，并没有太深的对专题的研究。参加这种会议的往往是年轻学者比较多一些，对于把握学术动态、跟别的学者们交流是一个很好的平台，但是这种学会对于研究而言一般是没有太多实质作用的。另外一种是小型会议，常常是一种所谓"closed conference"，只有受到邀请的学者才能参加会议。这种会议通常提供住宿、来回机票。一般的情况之下这种会议有一个主题，以会后编论文集为目的。但是由于现在美国的经济、出版业不景气，受到网络媒体的挑战，书尤其是论文集不好卖，因此很少有出版社愿意出论文集（指的是很多人的论文集）。专著方面，出版社越来越提出要出版补助等要求。大学出版社也有它的难处，经济效益不能太差，虽然不是什么营利机构。所以要是学术性太强、可读性比较弱的书稿往往出版社是不愿意出版的。这种学术会议一般很少安排什么旅游活动，而是认认真真开会，开完会私下去观光那是你自己的事，我想学校应该也不会给报销的。这也是一种敬业精神吧。

朱：现在国内学术会议的旅游也有要自费的，分离开来了，自己可以自愿自费旅游。

蔡：我觉得美国这种会议是纯粹事务性的。如果能组织一下旅游活动啊，大家联络一下感情啊也不是坏事。

朱：旅游也是一种交流的途径。

蔡：所以什么东西都不要走极端。

朱：美国的研究基金有哪些，申请情况又是怎样的呢？

蔡：在美国，一般从学校可以申请一些研究基金，但是数量不多；校外呢，有一些全国的机构也就是那么四五个，竞争尤为激烈。国内的研究资金比我们雄厚。

朱：国内最近几年申请的机会和金额稍微多一些。

蔡：学校基金的申请一般集中照顾年轻学者，就是还没拿到终身教职的那些申请者比较容易得到。

朱：重点照顾没有拿到 Tenure（注，终身聘期）的申请者。

蔡：对。这点很好，因为他们须在限定的六年间内出书、出文章。往往这种资助就是给教师一个半年或一年的研究奖，主要用来支付工资而已,并不是其他的费用。

朱:我们申请的基金主要包括是学术会议、出版补助、购买图书这些。

蔡:这些主要是学校的研究基金,外面申请的话一般给研究奖,像蒋经国基金会也有出版资助。但是出版资助的话不是自己申请,是出版社给你争取。

朱:国内现在也有很多基金是出版社争取并由其负责基金的情况。好了,我们今天就谈到这里。再次感谢您接受我的采访。

蔡:谢谢你古道热肠,把美国汉学界古代文学研究的情况介绍给国内的广大读者。希望我们以后保持联系。

参考文献

鲍姆嘉滕. 美学. 简明、王旭晓译. 北京：文化艺术出版社，1987.

鲍桑葵. 美学史. 张今译. 北京：商务印书馆，1985.

陈寅恪. 陈寅恪集·金明馆丛稿二编. 上海：上海古籍出版社，2020.

陈子昂撰，徐鹏校点. 陈子昂集. 上海：上海古籍出版社，2013.

成复旺主编. 中国美学范畴辞典. 北京：中国人民大学出版社，1995.

程树德撰，程俊英、蒋见元点校. 论语集释. 北京：中华书局，2013.

邓以蛰. 邓以蛰全集. 合肥：安徽教育出版社，1998.

邓以蛰著，刘纲纪编. 邓以蛰美术文集. 北京：人民美术出版社，1993.

董诰等编. 全唐文. 上海：上海古籍出版社，1990.

费经虞撰，费密补. 雅伦. 清康熙四十五年刻本.

高居翰. 山外山：晚明绘画，1570—1644. 王嘉骥译. 北京：生活·读书·新知三联书店，2009.

高平叔编. 蔡元培全集. 北京：中华书局，1984.

顾炎武. 顾亭林诗文集. 北京：中华书局，1983.

郭庆藩撰，王孝鱼点校. 庄子集释. 北京：中华书局，1961.

郭若虚. 图画见闻志. 北京：中华书局，1985.

郭象注，成玄英疏，曹础基、黄兰发点校. 庄子注疏. 北京：中华书局，2011.

何宁. 淮南子集释. 北京：中华书局，1998.

何晏注. 论语注疏. 上海：上海古籍出版社，2017.

黑格尔. 小逻辑. 贺麟译. 北京：商务印书馆，1980.

胡寅撰，容肇祖点校. 崇正辩斐然集. 北京：中华书局，1993.

胡应麟. 诗薮. 上海：上海古籍出版社，1979.

慧能著，郭朋校释. 坛经校释. 北京：中华书局，1983.

焦循撰，沈文倬点校. 孟子正义. 北京：中华书局，1987.

荆浩撰，王伯敏注译，邓以蛰校阅. 笔法记. 北京：人民美术出版社，1963.

凯·埃·吉尔伯特，赫·库恩. 美学史. 夏乾丰译. 上海：上海译文出版社，1989.

克罗齐. 美学的历史. 王天清译. 北京：商务印书馆，2015.

孔安国传，孔颖达疏. 尚书正义. 北京：北京大学出版社，1999.

劳承万. 朱光潜美学论纲. 合肥：安徽教育出版社，1998.

老子著，河上公注，严遵指归，王弼注，刘思禾校点. 老子. 上海：上海古籍出版社，2013.

李白撰，安旗等笺注. 李白全集编年笺注. 北京：中华书局，2015.

李清良. 中国阐释学. 长沙：湖南师范大学出版社，2001.

李贽. 焚书续焚书. 北京：中华书局，2009.

刘安. 淮南子. 北京：中华书局，2014.

刘宝楠撰，高流水点校. 论语正义. 北京：中华书局，1990.

刘茂辰、刘洪、刘杏编撰. 王羲之王献之全集笺证. 济南：山东文艺出版社，1999.

刘熙载. 艺概. 上海：上海古籍出版社，1978.

刘向. 说苑. 北京：中华书局，2019.

刘勰著，范文澜注. 文心雕龙注. 北京：人民文学出版社，1958.

刘义庆著，刘孝标注，余嘉锡笺疏. 世说新语笺疏. 北京：中华书局，2011.

刘禹锡著，《刘禹锡集》整理组点校，卞孝萱校订. 刘禹锡集. 北京：中华书局，1990.

陆机著，杨明校笺. 陆机集校笺. 上海：上海古籍出版社，2016.

陆九渊著，钟哲点校. 陆九渊集. 北京：中华书局，1980.

罗大经撰，孙雪霄校点. 鹤林玉露. 上海：上海古籍出版社，2012.

罗钢. 传统的幻象：跨文化语境中的王国维诗学. 北京：人民文学出版社，2015.

毛亨传，郑玄笺，孔颖达疏，陆德明音释，朱杰人整理. 毛诗注疏. 上海：上海古籍出版社，2013.

门罗·C. 比厄斯利. 西方美学简史. 高建平译. 北京：北

京大学出版社，2006.

孟轲著，朱熹集注. 孟子. 上海：上海古籍出版社，2013.

皮朝纲主编. 中国美学体系论. 北京：语文出版社，1995.

普济著，苏渊雷点校. 五灯会元. 北京：中华书局，1984.

钱念孙. 朱光潜：出世的精神与入世的事业. 北京：文津出版社，2005.

钱锺书. 管锥编. 北京：中华书局，1986.

钱锺书. 七缀集. 北京：生活·读书·新知三联书店，2002.

钱锺书. 谈艺录. 北京：中华书局，1984.

僧肇等撰，于德隆点校. 注维摩诘经. 北京：线装书局，2016.

上海书画出版社、华东师范大学古籍整理研究室选编校点. 历代书法论文选. 上海：上海书画出版社，2014.

石涛著，章宏伟主编，吴丹青注解. 苦瓜和尚画语录. 郑州：中州古籍出版社，2013.

司空图著，祖保泉、陶礼天笺校. 司空表圣诗文集笺校. 合肥：安徽大学出版社，2002.

宋曹. 书法约言. 上海：上海古籍出版社，1996.

苏轼著，傅成、穆俦标点. 苏轼全集. 上海：上海古籍出版社，2000.

谭帆. 中国小说评点研究. 上海：华东师范大学出版社，2001.

谭献著，罗仲鼎、俞浣萍点校. 谭献集. 杭州：浙江古籍出版社，2012.

唐岱. 绘事发微. 上海：上海人民美术出版社，1987.

唐志契. 绘事微言. 上海：人民美术出版社，2003.

滕固. 滕固艺术文集. 上海：上海人民美术出版社，2003.

涂光社. 中国古代美学范畴发生论. 北京：人民教育出版社，1999.

汪涌豪. 中国文学批评范畴及体系. 上海：复旦大学出版社，2007.

王弼著，楼宇烈校释. 王弼集校释. 北京：中华书局，1980.

王弼著，楼宇烈校释. 周易注：附周易略例. 北京：中华书局，2011.

王冰撰，范登脉校注. 重广补注黄帝内经素问. 北京：科学技术文献出版社，2011.

王夫之著，戴鸿森笺注. 姜斋诗话笺注. 上海：上海古籍出版社，2012.

王国维. 古史新证. 北京：清华大学出版社，1994.

王国维. 王国维全集. 杭州：浙江教育出版社，2010.

王士禛著，袁世硕主编. 王士禛全集. 济南：齐鲁书社，2007.

王微著，陈传席译解，吴焯校订. 叙画. 北京：人民美术出版社，1985.

王先谦撰，沈啸寰、王星贤点校. 荀子集解. 北京：中华书局，1988.

王晓路. 西方汉学界的中国文论研究. 成都：巴蜀书社，2003.

魏宏灿校注. 曹丕集校注. 合肥：安徽大学出版社，2009.

沃拉德斯拉维·塔塔科维兹. 古代美学. 杨力等译. 北京：中国社会科学出版社，1990.

吴建民. 中国古代文论命题研究. 南京：南京大学出版社，2017.

萧子显. 南齐书. 北京：中华书局，1972.

辛弃疾. 辛弃疾词集. 上海：上海古籍出版社，2016.

徐上瀛著，徐樑编著. 溪山琴况. 北京：中华书局，2013.

许维遹撰，梁运华整理. 吕氏春秋集释. 北京：中华书局，2009.

严羽著，郭绍虞校释. 沧浪诗话校释. 北京：人民文学出版社，1961.

姚鼐. 惜抱轩全集. 北京：中国书店，1991.

叶燮著，蒋寅笺注. 原诗笺注. 上海：上海古籍出版社，2014.

袁昶撰. 于湖小集. 北京：中华书局，1985.

张岱年. 中国古典哲学概念范畴要论. 北京：中华书局，2017.

张彦远著，秦仲文、黄苗子点校，启功、黄苗子参校. 历代名画记. 北京：人民美术出版社，2016.

章学诚. 校雠通义通解. 上海：上海古籍出版社，2009.

郑玄注，孔颖达疏. 礼记正义. 北京：北京大学出版社，1999.

钟嵘著，周振甫译注. 诗品译注. 北京：中华书局，1998.

周光庆. 中国古典解释学导论. 北京：中华书局，2002.

朱光潜. 朱光潜全集. 合肥：安徽教育出版社，1987.

朱熹. 朱子全书. 上海：上海古籍出版社，2002.

宗白华著，林同华主编. 宗白华全集. 合肥：安徽教育出版社，2008.

后 记

中国古代美学思想研究的方法论问题对推进中国古代美学研究尤为重要，我本人对此一直很重视，历年来在这方面先后写过十余篇长短不一的相关论文，有过一定的思考。现在我把多年来对于中国古代美学思想研究方法的体会，作了一个基本的整理和表达，写出了这本书。

本书体现了我对中国古代美学思想研究方法的认知，其中既有对前辈学者经验和教训的反思，又有我个人的治学感悟。我从1999年开始指导硕士研究生，2004年开始指导博士研究生，其中半数以上的硕博士研究生是做中国古代美学思想研究的。作为导师，身为"人之患"，我有义务告诉他们我对于中国古代美学思想研究方法的心得体会，供他们参考。而我本人也需要对此进行自觉而深入的思考。

中国古代美学思想的研究方法需要从自发的经验上升到自觉的意识，有助于我们的研究更为科学和合理。这个话题值得我与同行进行深入交流和对话，我期待各位方家批评指正，以便我在此基础上作进一步思考。

朱志荣

2022年8月初稿

10月修改于沪上心远楼